SOLUTIONS
DES PROBLÈMES.

ON TROUVE A LA MÊME LIBRAIRIE :

Arithmétique (l') mise à la portée des enfants, avec exercices de calcul, problèmes et questionnaires, par M. G. Beleze, maître de pension à Paris : 3e édition, revue et augmentée; ouvrage autorisé par l'Université; in-18, avec figures.

Abrégé de la même, avec exercices de calcul; in-18.

Cours élémentaire et pratique du dessin linéaire et d'ornement, suivi d'un traité élémentaire de perspective linéaire, applicable à tous les modes d'enseignement, par MM. Boniface et Choquet : 4e édition, revue et corrigée; ouvrage autorisé par l'Université; 1 vol. in-8°, avec atlas in-4° de 50 planches.

Histoire naturelle (l') mise à la portée des enfants, avec questionnaires, par M. G. Beleze, maître de pension à Paris : 8e édition; ouvrage autorisé par l'Université; in-18, avec figures.

Mécanique usuelle, contenant la théorie des forces appliquées à un même point, des forces parallèles, des centres de gravité, ainsi que l'application de ces principes aux diverses machines, etc., par M. G. F. Olivier : deuxième édition; in-12, avec figures.

Petit Traité de la Tenue des livres, en partie double et en partie simple, suivi d'instructions relatives au commerce, par M. G. F. Olivier : 3e édition; ouvrage couronné par la Société pour l'instruction élémentaire, in-18.

Physique usuelle, présentant l'explication des principaux phénomènes de la nature, et des expériences faciles sur l'eau, l'air, le feu, etc., par M. G. F. Olivier; troisième édition, revue et augmentée; in-12, avec figures.

Sciences physiques (les) mises à la portée des enfants, avec questionnaires, par M. G. Beleze, maître de pension à Paris; in-18, avec figures.

Système métrique et légal des poids et mesures, Traité théorique et pratique, avec exercices, problèmes et questionnaires, par M. F. Astier, instituteur : 3e édit.; ouvrage autorisé par l'Université; in-18.

SOLUTIONS
DES PROBLÈMES
D'ARITHMÉTIQUE,

Par J. N. SARAZIN,

LICENCIÉ ÈS SCIENCES,

ANCIEN PROFESSEUR AU COLLÉGE D'ÉPINAL.

PARIS.

IMPRIMERIE ET LIBRAIRIE CLASSIQUES

De JULES DELALAIN,

IMPRIMEUR DE L'UNIVERSITÉ,

RUE DES MATHURINS SAINT-JACQUES, 5.

M DCCC XLIX.

SOLUTIONS
DES PROBLÈMES
D'ARITHMÉTIQUE.

NOMBRES ENTIERS.

1. *Problèmes et exercices sur la numération.*

1. 1° Un billion sept cents millions quatre-vingt-treize mille quatre;

2° Quinze billions soixante-dix millions six cent mille dix.

2. On trouve pour réponse 40000019 et 6000000002003.

3. Des divers principes conventionnels de la numération, l'un porte que : dans tout nombre, les unités doivent devenir de dix en dix fois plus grandes en allant de droite à gauche, ou, de dix en dix fois plus petites en allant de gauche à droite[1].

1. Comme par *une fois plus grand* chacun entend le double, chacun devrait entendre, par *deux fois plus grand*, le triple; par *trois fois plus grand*, le quadruple, et ainsi de suite; mais il n'en est rien. C'est donc pour nous conformer à l'usage que, par *dix fois plus grand*, nous entendons le décuple. C'est aussi pour nous y conformer que nous disons *quatre-vingt-treize* et pas *nonante-trois*, bien que l'expression *nonante-trois* ait autant de valeur étymologique que l'autre, autant d'harmonie avec plus de valeur rationnelle, et partant d'intelligibilité et de susceptibilité à être traduite en chiffres. *Octante* a les mêmes titres, pour ainsi dire. Enfin, le laconisme et l'identité de consonnance ne sont pas à dédaigner.

En écrivant les diverses unités données, d'après ce dernier énoncé, on trouve : 42469 plumes métalliques, pour la solution de la question.

4. MDCCCXLIX.

5. Le nombre MCDXC vaut mil quatre cent quatre-vingt-dix.

6. Comme, dans le système octaval, les unités sont de huit en huit fois plus grandes, les unités du second ordre sont des huitaines ; puis l'unité du troisième ordre, laquelle n'a pas de nom, contient huit fois une huitaine, et ainsi de suite. Formant donc une huitaine, deux huitaines... on trouve que le nombre proposé renferme sept huitaines et sept unités.

Quant à sa représentation par des chiffres, elle s'effectuera d'après ce principe général : que, pour chaque ordre, il faut un chiffre qui : 1° par sa valeur absolue représente le nombre des unités de cet ordre, et 2° par son rang représente la valeur relative : donc, dans le système octaval, soixante-trois est représenté par 77.

7. 1° Six huitaines et six unités ou cinquante-quatre ;

2° Une huitaine et sept unités ou quinze unités.

8. Les principes rappelés pour la solution 6 donnent : 1° une douzaine et onze unités pour la numération parlée du nombre, et 2° 1*e* pour sa numération écrite.

9. Le premier (2*a*) vaut trente-quatre, et le second (34) vaut quarante.

10. 1°Dans le système décimal, elles font 3 unités du second ordre ou dizaines, et trois unités du premier ordre ;

2° Dans le système octaval, elles font 4 unités du second ordre ou huitaines, et une du premier ordre ;

3° Dans le système duodécimal, elles ne font que 2 unités du second ordre ou douzaines, et 9 du premier.

II. *Problèmes et exercices sur l'addition.*

11. Comme en ajoutant d'abord ensemble les unités simples 7, 0, 3, 9, on en forme une du second ordre, c'est-à-dire *une dizaine,* et qu'il reste encore 9 unités simples, on trouve 79 ans pour la somme des âges.

12. D'après l'énoncé, le père a l'âge du fils, et en outre 29 ans : d'où une addition qui donne 46 ans pour l'âge du père.

13. L'addition des gains de chacun par jour donne 11 fr. pour leur gain total d'une journée : comme la semaine renferme 6 jours, le gain d'un jour doit être écrit six fois : 1° en face du lundi ; 2° au-dessous, en face du mardi, et ainsi de suite ; puis l'addition faite, elle donne 66 fr. pour le gain des quatre personnes dans la semaine.

14. 1° Si l'enfant, outre les 15 billes qu'il a, en reçoit 10 et puis 13, il en aura en tout 15+10+13, c'est-à-dire 38.

2° Comme alors ils en ont autant l'un que l'autre, ils en ont chacun 38 ; et vu qu'ils sont trois, en écrivant trois fois 38 en ligne verticale, pour faire l'addition, on trouve qu'ils en ont 114 en tout.

15. D'après l'énoncé, le second bataillon a 763+17=780 hommes ; le 3e en a 780+23=803,

et le 4e 803+11=814. Donc les 4 bataillons renferment 763+780+803+814=3160 hommes.

16. Le nombre de ces arbres est de 3,116.

17. Il y a 315,591 habitants dans ce département.

18. La somme reçue s'élève à 16513 fr.

19. La force demandée était de 24103 hommes.

20. Le contenu cherché était de 6632 fr.

III. *Problèmes et exercices sur la soustraction.*

21. 1re solution : en comptant depuis 5 jusqu'à 12, on trouve 7 : donc 12 vaut 5 plus 7; et par conséquent 7 vaut 12 moins 5 : donc le petit garçon a 7 ans.

2e solution : en ôtant 5 de 12, mais unité par unité, on descend de 12 à 7 : donc 12 moins 5 vaut 7 : donc le petit garçon a 7 ans, vu qu'il a l'âge 12 ans de sa sœur, et 5 ans de moins.

22. Le reste est de 8687 fr.

23. De 78 mètres.

24. De 949.

25. 267 mètres.

26. Le nombre des hommes manquants vaut 47+108+39+1347=1541.

Or, le nombre des hommes de la légion, c'est-à-dire 12863, diminué du nombre de ceux qui manquent, c'est-à-dire de 1541 hommes, donne le nombre des hommes qui sont à la revue. Il n'y a donc que 11322 hommes à la revue.

27. Il doit faire la somme des trois nombres écrits, laquelle est 3452+6427+1037=10916, et la retrancher de 50000; il est clair que la différence 50000—10916=39084, ajoutée aux trois

nombres écrits, rendra 50000, vu qu'elle en est une des deux parties, et que la somme des trois nombres en est l'autre.

28. 1° Cherchant combien fait ce qu'il a reçu avec ce qu'il a, on trouve pour somme 39124 fr. :

17563
4561
2000
5000
5000
5000
39124 fr.

2° Cherchant ce que fait ce qu'il a déboursé, on trouve 530 + 1556 + 11000 = 13086 fr.

3° Mais l'excès de la 1re somme sur la 2e, c'est-à-dire 39124—13086=26038 francs, est évidemment ce qu'il a en caisse à la fin de la semaine.

29. Puisqu'il y a 2847 soldats et qu'il y a une ration pour chacun en un jour, il y a 2847 rations. Ce nombre, additionné 4 fois, donnera le nombre total des rations, qui est 11388. Mais 762 hommes sont morts, de sorte que chaque jour le régiment consomme 762 rations de moins qu'il ne devrait en consommer : donc en 4 jours il en consomme en moins 762+762+762+762=3048. Enfin, le total des rations 11388, diminué du nombre 3048 des conservées, donne 8340 pour le nombre des rations consommées.

30. Avant le combat, il a 15288 fantassins, plus 2628 cavaliers, ou une armée de 17916 hommes. Pendant le combat, il perd 822 fantassins

et 332 cavaliers ou 1154 hommes : donc son armée ne s'élève plus qu'à 17916 — 1154 = 16762 hommes. Mais après il reçoit 390 fantassins et 108 cavaliers, ou 498 hommes : donc son armée remonte à 17260 hommes; donc elle n'a en moins que 17916 — 17260 = 656 hommes.

IV. *Problèmes et exercices sur la multiplication.*

31. Il y a 3 jours dans chacun desquels il a été 2 fois premier : donc il a été 2×3=6 fois 1er. Or, pour une fois qu'il l'est, il reçoit 3 fr. de son père : donc il en a reçu 6 fois 3 fr., ou 6 × 3 = 18. Par la même raison, 6×2 = 12 fr. de sa mère : donc il a reçu 18 + 12 = 30 fr.

32. L'heure est de 60 minutes, de sorte que ce cheval fait 60×49 = 2940 pas par heure.

33. Chaque soldat, ayant une ration, en recevra 8 pour les 8 jours de campagne, et les 768 soldats en recevront 768 × 8 = 6144 pour les 8 jours.

34. Entre le 15 décembre 1848 et le 15 décembre 1841, il y a 7 ans de différence; comme un an est de 365 jours, les 7 ans font 7 × 365 = 2555 jours, plus 2 jours pour les années bissextiles 1844 et 1848 : d'où 2557 jours, auxquels il faut encore ajouter 16 jours de décembre 1848, les 31 jours de janvier 1849 et 12 jours de février 1849, ou 59; cet enfant a donc 2557j + 59 = 2616 jours.

35. On trouve, par la marche précédente, 3226 jours, qui font 3226×24h. = 77424 heures, auxquelles il faut ajouter 15 heures du 3 mars 1840 et 19 heures du 4 janvier 1849, de sorte que l'âge demandé est de 77458 heures.

36. On trouve d'abord 39172 heures, ou 940128 minutes, auxquelles il faut ajouter les 25 minutes qu'il y a de $7^{h.},35$ minutes à 8 heures du matin : l'âge demandé est donc de 940153 minutes.

37. Il lui reste 365×3 francs, ou 1095 francs.

38. Le nombre demandé est $(3+4+5+7) \times 115 = 2185$.

39. La dépense cherchée est de $418 \times 365 = 152570$ francs.

•40. Quand le 1er a marché 3 jours, il a fait 216 lieues; le 2e n'a fait que $48 \times 4 = 192$ lieues. Donc le 1er est encore à $300 - 216 = 84$ lieues, et l'autre à $300 - 192 = 108$ lieues de Saint-Pétersbourg.

41. Ce marchand livre des chevaux pour une somme égale au prix des chevaux qu'il reçoit, vu que deux produits composés des mêmes facteurs sont égaux.

42. Les deux chevaux coûtent 16400 francs.

43. Distance en mètres, $4212^{m.},5$.

44. Oui, car le nombre des fenêtres est un facteur d'un produitde 2 facteurs, dont l'autre est ou bien 10 ou bien 9 ; quand c'est 10, le produit a sa plus grande valeur, laquelle surpasse la valeur qu'il a, quand c'est 9, d'une fois l'autre facteur inconnu : cet autre vaut donc $9+11$, puisque le plus petit produit, malgré le reste 11 qu'il donne, a besoin de recevoir encore 9 pour arriver au plus grand. Donc il y a 20 fenêtres et 191 lampions.

45. Cette distance est de $17 \times 337^{m.} = 5729$ mètres.

46. Cette récolte sera de $100 \times 24^{gr.} = 2400$ grains.

47. Vu que $4 \times 12 = 48$, on conclut que si la roue qui est mue avait 48 dents comme l'autre, elle ferait, comme elle, un tour en une minute : donc, puisqu'elle a 4 fois moins de dents, elle fera 4 fois plus de tours, puisqu'elle doit toujours présenter une dent à chacune des dents de la roue motrice. Mais si en une minute elle fait 4 tours, en 1 heure, qui vaut 60 minutes, elle en fera $60 \times 4 = 240$.

48. Le nombre de ces lettres est $1257 \times 28 \times 38 = 1337448$.

49. Il doit recevoir 1195×2 fr. $= 2390$ fr., vu que 119500 font 1195 centaines.

50. Le chiffre 2, comme étant le premier à droite, ne vaut que 2 ; le 7, comme étant à la gauche, vaut 7 huitaines : or, $7 \times 8 = 56$. Enfin le 5, comme étant à gauche du 7, représente des unités du troisième ordre, c'est-à-dire telles qu'une seule en vaut 8 fois une du 7, et par conséquent 8 fois une huitaine ou $8 \times 8 = 64$; mais si une seule unité du 5 vaut 64, les 5 valent $5 \times 64 = 320$: donc, le nombre octaval donné vaut le nombre décimal $320 + 56 + 2 = 378$.

V. *Problèmes et exercices sur la division.*

51. Il est clair que chacun des 8 élèves doit avoir non-seulement le même nombre d'oranges, mais que ce nombre doit être tel que, multiplié par 8, il donne 72 pour produit. Si donc on ne connaît pas le nombre qui multiplié par 8 donne 72, il n'y a qu'à descendre dans l'abaque, ou table

de multiplication, la colonne verticale du 8, jusqu'à ce qu'on trouve le produit 72, puis, à revenir de 72 vers la gauche : on trouvera 9 à l'extrémité de la colonne, et ce sera le nombre cherché.

52. Vu l'énoncé, à chaque fois qu'il y a 9 kilom. dans les 432, il y a une heure de temps; donc. autant de fois 9 sont contenus dans 432, autant il y a d'heures : le nombre cherché est donc le quotient 48 de 432 par 9.

53. Par le quotient 8459, qu'on obtient en divisant 59213 par 7.

54. La 97me partie, laquelle s'obtient en divisant 598684 en 97 parties égales, et qui n'est, par conséquent, que le quotient 6172 de 598684 par 97.

55. Chaque ouvrier a d'abord 4704 fr., qui est le quotient de 26996256 par 5739 pour ses 12 jours de travail. En second lieu, il a par jour seulement le douzième de 4704 fr., c'est-à-dire 392 fr., qui est le quotient de 4704 par 12.

56. Le quotient 18 de 6570 par 365, nombre des jours d'une année.

57. Le quotient 585 de 1499940 fr. par 2564.

58. Le temps 8 minutes 13 secondes équivaut à 493 secondes; de sorte que le nombre des lieues parcourues en une seconde est le quotient approché 70994 lieues de 35000000 par 493.

59. A chaque fois que 35 litres sont contenus dans 14875 litres, il faut une minute : donc, le quotient 425 de 14875 par 35 représente le nombre des minutes qu'il faut au courant pour remplir le réservoir.

60. Le quotient 4000, obtenu en divisant le total

140000 lettres par le nombre 35 des lettres d'une ligne, représente le nombre des lignes; puis le quotient 160, qu'on obtient en divisant ce nombre 4000 des lignes par le nombre 25 des lignes d'une page, représente le nombre des pages.

61. Chaque voiture porte 600 planches, et chaque cheval en traîne 120.

62. Le prix d'un cheval est de 948 fr., en négligeant moins d'un franc.

63. Chaque département contribue pour 6540 fr.

64. L'assureur sera tenu à 1347500 fr.

65. Il en faudrait 9252.

66. Il a 704 pistoles.

67. D'après l'énoncé, il faut 108 mètres de toile pour une douzaine de nappes; par conséquent, on en fera 925 douzaines et demie, plus 5 nappes, et il y aura encore 1 mètre pour les chutes.

68. Pour chaque élève, la dépense est de 213 fr. à un franc près. Si donc chaque élève ne recevait point d'habit, il pourrait être considéré comme recevant 4 pantalons : donc, le prix d'un pantalon est de 53 fr., et par conséquent celui d'un habit de 159.

69. Le prix d'achat est de 3 fr., et celui de vente de 4 fr. : le gain est donc d'un franc par kilogramme.

70. Chaque pavé revient à 80 fr., dont le voiturier a la cinquième partie ou 16 fr.; par conséquent, le fournisseur a reçu 32 fr. par pavé.

FRACTIONS DÉCIMALES
ET NOMBRES DÉCIMAUX.

VI. *Problèmes et exercices sur la numération des fractions décimales et sur les nombres décimaux.*

71. 1° 0,0047, et 2° 0,000537.

72. 1° 7,00043; 2° 19,00045839.

73. 1° Trois mille vingt-neuf millionièmes et 2° cinq mille quatre cents dix-millionièmes.

74. 1° 0,0000302; 2° 0,54.

75. 1° Cinq unités et quarante-sept cent-millièmes; 2° cinquante-huit unités et quarante mille dix-sept cent-millionièmes.

VII. *Problèmes et exercices sur l'addition des fractions décimales et des nombres décimaux.*

76. Comme on trouve que 0,83 + 0,37 + 0,8 valent 2 unités, on conclut que cet élève n'a pas du tout écouté son professeur.

77. De $24^{kil.},944$.

78. Francs 2827,80.

79. Kilogr. 2445,72.

80. Longueur cherchée, $3235^{m.},09$.

VIII. *Problèmes et exercices sur la soustraction des fractions décimales et des nombres décimaux.*

81. $1^{h.},3$.

82. 0,8044.

83. Francs 1621,55.

84. Le poids de l'étain est de kilogr. 46,57.

85. Mètres 2250.

IX *Problèmes et exercices sur la multiplication des nombres décimaux et des fractions décimales.*

86. 29kil.,9593.

87. Le boulanger met 8kilog.,24025.

88. Kilogrammes 4,375.

89. Litres 29,83225 d'eau.

90. Sel cherché, 418kil.,33285.

X. *Problèmes et exercices sur la division des nombres décimaux et des fractions décimales.*

91. Le nombre demandé est le quotient 1,826..., qu'on obtient en divisant 0,986 par 0,54.

92. 5493kilog.,5 de farine.

93. Ce coureur parcourt 4 kilomètres à l'heure.

94. Cette quantité d'étain ferait partie de 2540 kilogrammes de métal de cloche.

95. Un kilogramme d'eau de l'Océan contient 0kil.,065 de sel.

XI. *Problèmes et exercices sur l'approximation des quotients par les fractions décimales*

96. Chaque enfant a eu 33333fr.,333.

97. Il en a brodé une partie marquée par 0,10582.

98. Il faudrait 3 enfants, plus 84615 cent-millièmes d'enfant.

99. Le nombre cherché est 3,14159.

100. Ce diamètre est de 1m.,457.

SYSTÈME LÉGAL
DES POIDS ET MESURES.

XII. *Problèmes et exercices sur le système légal des poids et mesures.*

101. Le mètre revient à $0^{fr},003525$.

102. Le prix du mètre est de $39^{fr},37$.

103. Le myriagramme coûte $0^{fr},9404$.

104. $1284^{fr},675$.

105. La hauteur demandée serait de 1 mètre.

106. La hauteur cherchée n'est que de 1 décimètre.

107. 1000 litres.

108. 1000 kilogrammes, vu que le gramme est le poids d'un centimètre cube d'eau pure au maximum de densité, et qu'il y'a 1000000 de centimètres cubes, et partant 1000000 de grammes ou 1000 kilogrammes, dans cette masse d'eau.

109. 1 kilogramme.

110. Ce tonneau contient $4^{hectol.},4457$.

111. 175 kilogrammes.

112. Quintaux métriques 135.

113. Il est de 500 grammes.

114. Les 5 stères de bois pèsent 45 quintaux métriques, de sorte que le poids du blé est de 55 q. m. Donc, le quotient $63^{hectol.},213$ de 5500 kilogr. par 0,87 représente le nombre des hectolitres de blé.

115. Comme dans l'argent monnayé il y a un dixième d'alliage, il s'ensuit que l'alliage est en général le neuvième du fin : donc le lingot mon-

nayé pèserait $54 + \frac{54}{9} = 60$ kilogrammes, et donnerait 12000 fr.

116. Les 1000 fr. pèsent 5000 grammes, qui, diminués de leur dixième, donnent 4500 grammes pour le poids de l'argent pur.

117. Vu la composition de notre monnaie, 90g. d'argent valent 20 fr.; le poids d'argent 100 grammes, qui vaut les 20 fr. de la pièce d'or, n'a besoin que d'être divisé par 15,555... pour qu'il donne le poids d'or : ce poids est donc de 5,706 grammes.

118. 328 francs.

119. 4000 myriamètres.

120. 111,11... kilomètres.

121. On sait que la division décimale de la circonférence est de 400 grades : d'où il suit qu'un grade est de 1000 hectomètres.

122. Ils valent : 1° 250 milliers métriques, et 2° 2500 quintaux métriques : donc le myriagramme, le quintal métrique et le millier métrique sont des multiples décimaux et successifs l'un de l'autre.

123. $2^{\text{décil.}}$,1367...

124. $12^{\text{décag.}}$,9, à moins de 0,01.

125. 125 milligrammes.

126. Ce décistère aurait 1 décimètre de hauteur.

127. Cette hauteur serait de 1 millimètre.

128. Trois décistères valent 300 décimètres cubes.

129. Il faut 1000 de ces pièces pour 100 fr., ce qui fait un poids de 2000 grammes, dont les 0,2 sont de 400 grammes.

130. 90 grammes de cuivre.

131. $0^{\text{gr.}}$,32258.

132. Le poids demandé est de $5^{gr.},555$.

133. Ce lingot pèse hectogrammes 2,5.

134. Comme les 0,3 du poids total sont de 6 grammes, 0,1 est de 2 grammes; de sorte que ce bijou d'Allemagne pèse 20 grammes.

135. Kilogrammes d'étain 125,12.

XIII. *Problèmes et exercices sur la divisibilité des nombres entiers.*

136. La plus grande commune mesure cherchée est de $0^{m.},03$.

137. C'est 162.

138. Elle ne peut exprimer que des unités de la nature de celles que le premier chiffre à droite dans le dividende, devenu nombre entier, exprime lui-même. Or, ce chiffre exprime des centimètres; par conséquent, le quotient doit en exprimer. Et pour le faire remarquer en passant, on a tort, dans les exemples de cette espèce, de dire : je rends le dividende tant de fois plus grand; on devrait dire : je prends pour unité principale tel sous-multiple, et je le fais à la fois pour le diviseur et pour le dividende; de sorte que je saurai ce que mon quotient, nombre entier, exprime, et ne serai pas tenté de voir 3 mètres où il ne s'en trouve que le 0,01; pourtant, n'oublions pas que 3, comme rapport, est d'abord abstrait.

139. Que le nombre exprimé par les trois chiffres de droite soit divisible par 8.

140. La plus grande règle contenue à la fois dans les trois règles données est de $0^{m.},03$.

141. Car le chiffre des unités est pair ou impair. S'il est pair, la proposition est évidente; s'il

est impair, ajouté à lui-même il donne un chiffre pair divisible par 2. Par la soustraction, on arrive toujours à une différence terminée par zéro, et partant divisible par 2.

142. En s'assurant si 65827 est à la fois divisible par 3 et par 5 considérés séparément.

143. En s'assurant si 9828 est séparément divisible par 2 et par 9.

144. Ce reste est 3.

145. Ce moyen consiste à s'assurer si 98910 est divisible séparément par 5 et par 9; comme il l'est, on conclut qu'il l'est aussi par 45.

146. De voir s'il l'est séparément par 3 et par 11 ; comme il l'est, on conclut qu'il l'est également par 33.

147. Non ; car si on prend le reste de la division par 9 du produit qu'on obtient en multipliant l'un par l'autre les restes de 5739 et 4704 divisés aussi par 9, on trouve qu'il n'est pas égal au reste de 26996898 divisé aussi par 9.

148. Oui ; car le quotient 600078 divisé par 9 donne un reste qui, multiplié par celui de 204 conduit à un produit dont le reste par 9 est le même que celui de 125416302 par 9.

149. Non, bien que la preuve par 9 ne donne point d'erreur.

150. Non, bien que les preuves par 9 et par 11 ne donnent d'erreur ni l'une ni l'autre.

XIV. *Problèmes et exercices sur l'addition des fractions ordinaires ou fractions à deux termes.*

151. Il en a eu $\frac{1}{5} + \frac{3}{5} = \frac{4}{5}$.

152. Comme $\frac{1}{4}=\frac{3}{12}$ et que $\frac{1}{3}=\frac{4}{12}$, la part que cet enfant a eue est de $\frac{3}{12}+\frac{4}{12}=\frac{7}{12}$.

153. Pour le reconnaître, je change ces fractions en d'autres qui leur soient respectivement égales et qui expriment les mêmes parties de l'unité. Je trouve que $\frac{3}{4}=\frac{33}{44}$ et que $\frac{8}{11}=\frac{32}{44}$; et, vu que 33 est plus grand que 32, je conclus qu'il a eu plus de pomme la première fois que la seconde.

154. Chaque enfant a eu 3 sacs $+\frac{1}{4}$ de sac.

155. Chaque enfant a eu 5 sacs $+\frac{3}{4}$ de sac.

156. On reconnaît que le premier coureur fait par heure $\frac{8}{5}$ de lieue, et le second $\frac{17}{13}$, fractions respectivement égales à $\frac{104}{65}$ et $\frac{85}{65}$: donc le premier va plus vite que le second.

157. Comme $\frac{1}{2}$ heure $=\frac{2}{4}$ d'heure, il s'ensuit que $\frac{1}{2}$ h. $+\frac{1}{4}$ d'h. $=\frac{3}{4}$ d'heure, c'est-à-dire que cet écolier n'a pas étudié du tout.

158. Poids de la carafe, $\frac{508}{455}$ kil. $=1^{k.}\frac{53}{455}$.

159. Mètres vendus, $\frac{15647}{7280}=2^{m.}\frac{1087}{7280}$.

160. Poids des pointes, $\frac{475}{308}$ kil. $=1^{k.}\frac{167}{308}$.

XV. *Problèmes et exercices sur les nombres ou expressions fractionnaires.*

161. De ce que 1 orange vaut $\frac{7}{7}$ d'orange, on conclut d'abord que 2 oranges valent $\frac{14}{7}$, puisque 2 oranges plus $\frac{3}{7}$ valent $\frac{17}{7}$.

162. Une seule pomme faisant $\frac{5}{5}$, il est clair que 7 font 7 fois $\frac{5}{5}$ ou $\frac{35}{5}$ de pomme.

163. Il faut $\frac{9}{9}$ pour faire 1 mètre : donc le quotient $3+\frac{8}{9}$ représente les mètres et fractions de mètre contenus dans $\frac{35}{9}$ de mètre.

164. Cet écolier a pris $\frac{1}{2}+\frac{3}{4}+\frac{2}{3}=\frac{6}{12}+\frac{9}{12}+\frac{8}{12}$

$= \frac{23}{12} = 1$ cornet, plus $\frac{11}{12}$ de cornet.

165. 8 heures $\frac{3}{4}$.

XVI. *Problèmes et exercices sur la formation des multiples et en particulier du plus petit multiple de plusieurs nombres.*

166. C'est $3 \times 4 \times 15 = 180$, c'est-à-dire un produit ayant pour facteurs à la fois ces trois nombres.

167. Le multiple demandé est 3562.

168. Les facteurs simples sont 1, 2, 3 et 5 ; les facteurs composés sont 1, 2, 4, 8, 3, 6, 12, 24, 5, 10, 20, 40, 15, 30, 60, 120, 9, 18, 36, 72, 45, 90, 180 et 360.

169. Ces facteurs sont 1, 2 et 3.

170. Ces facteurs sont 1, 3, 7 et 21.

171. Le plus petit multiple demandé est $60 = 2^2 \times 3 \times 5$.

172. Le plus petit multiple demandé est $2^2 \times 3 \times 7 = 84$

173. Vu que $\frac{2}{5} = \frac{6}{12}$, que $\frac{5}{6} = \frac{10}{12}$, on conclut qu'elle en a vendu $\frac{23}{12}$.

174. Ce multiple est 840.

175. Ils en ont fait $\frac{683}{240} = 2^{m} \cdot \frac{203}{240}$. On a aussi $\frac{203}{240} = 0^{m},8\frac{11}{24}$.

XVII. *Problèmes et exercices sur la simplification des fractions.*

176. Cette fraction simplifiée est $\frac{3}{5}$.

177. Ce travail est de $\frac{1}{3}$ de l'écharpe.

178. L'expression demandée est 3 heures.

179. La 1re fontaine remplit $\frac{1}{6}$ du bassin par heure et la 2e $\frac{1}{12}$: donc, dans 1 heure, elles en remplissent entre elles deux $\frac{1}{6} + \frac{1}{12} = \frac{1}{4}$.

180. En 1 heure, il a fait 3 lieues plus $\frac{2}{35}$.

XVIII. *Problèmes et exercices sur la soustraction des fractions ordinaires.*

181. Il n'y en a que dans la forme.

182. Un mètre contenant $\frac{8}{8}$, la seconde personne n'a acheté que $\frac{1}{8}$ de mètre : donc la première en a acheté $\frac{6}{8}$ de plus qu'elle.

183. La fontaine remplit en 1 heure $\frac{1}{9}$ du bassin, et ce qui s'en écoule est de $\frac{1}{15}$: donc il n'en reste que $\frac{1}{9} - \frac{1}{15} = \frac{2}{45}$.

184. Le second boucher a eu de plus que le premier les $\frac{10}{437}$ du troupeau.

185. Il n'en reste rien.

XIX. *Problèmes et exercices sur la multiplication des fractions ordinaires, ou formation des fractions de fractions.*

186. Ce produit est $\frac{8}{21}$.

187. Ce produit est 1.

188. Dès qu'on demande de former une fraction qui, divisée par une première, en donne une seconde, on demande par là même de former un produit dont les deux fractions données sont les facteurs. Donc la fraction demandée est $\frac{3}{4} \times \frac{6}{7} = \frac{9}{14}$.

189. L'acquéreur de 2 parts en a 3 qui sont chacune du $\frac{1}{4}$ de la maison, et en font les $\frac{3}{4}$. Les

$\frac{5}{8}$ de ces $\frac{3}{4}$ sont $\frac{15}{32}$: de sorte qu'il n'en conserve que $\frac{3}{4} - \frac{15}{32} = \frac{9}{32}$.

190. Les $\frac{3}{32}$ de $\frac{2}{9}$ sont $\frac{3 \times 2}{32 \times 9} = \frac{1}{48}$; de sorte qu'il ne reste que $\frac{2}{9} - \frac{1}{48} = \frac{29}{144}$.

191. La moitié.

192. Il est de $\frac{3}{10}$ d'heure, c'est-à-dire de 18 minutes.

193. Chaque chaîne pèse 25 grammes.

194. Chaque combinaison contient $\frac{1}{360}$ d'once d'or.

195. Il a gagné les $\frac{13}{18}$ de l'argent de son partenaire.

XX. *Problèmes et exercices sur la division des fractions ordinaires.*

196. Puisqu'on demande de trouver une fraction qui, multipliée par une fraction connue, donne une seconde fraction également connue, il s'ensuit que cette dernière est un produit de deux facteurs dont l'un est donné ; on trouvera donc l'autre par la division. La fraction demandée est donc $\frac{10}{9}$.

197. Puisque les $\frac{3}{10}$ de la première perte valent $\frac{1}{6}$ de tout ce qu'il avait, cette première perte vaut $\frac{1 \times 10}{6 \times 3} = \frac{5}{9}$ de ce qu'il avait.

198. D'après l'énoncé, les $\frac{8}{12}$ de ce qu'il avait équivalent à $\frac{1}{2}$ orange : donc ce qu'il avait était de $\frac{1}{2} \times \frac{12}{8} = \frac{3}{4}$ d'orange.

199. On reconnaît qu'il a jeté d'abord les $\frac{2}{3}$ de sa cargaison.

200. Cette fraction est les $\frac{2}{63}$ de l'unité itinéraire.

201. Il n'y en a que les $\frac{3}{28}$ qui l'écoutent.

202. D'après l'énoncé, les $\frac{13}{8}$ de ce que met le marchand de vin font $\frac{1}{4}$ de litre : donc les $\frac{8}{8}$, c'est-à-dire tout ce qu'il met, font $\frac{1 \times 8}{4 \times 13} = \frac{2}{13}$ de litre.

203. Vu l'énoncé, ils boivent entre eux deux, dans 1 heure, les $\frac{66}{45}$ de ce que Silène boit dans cet intervalle ; en outre, ces $\frac{66}{45}$ forment les $\frac{3}{5}$ du tonneau : donc Silène buvait en 1 heure les $\frac{3 \times 45}{5 \times 66} = \frac{9}{22}$ du tonneau, et Bacchus les $\frac{21}{110}$.

204. La part du fils est un dividende dont l'un des facteurs est la part du père, vu qu'il suffirait de prendre le $\frac{1}{3}$ de la part du père pour avoir celle du fils : donc la part du père est $\frac{1}{15} : \frac{1}{3} = \frac{1}{5}$; donc le grand-père avait 5 enfants.

205. Le grand-père avait 8 enfants.

XXI. *Problèmes et exercices sur les nombres fractionnaires.*

206. Cette somme est $55 \frac{101}{120}$.

207. Cette somme est $4 \frac{7}{16}$.

208. Cette somme est $13 \frac{8}{13}$.

209. $4^{m} \cdot \frac{1}{12}$.

210. Cette distance est de $10^{m} \cdot \frac{1}{2} - (2^{m} \cdot \frac{1}{3} + 1^{m} \frac{11}{12})$ $= \frac{75}{12} = 6^{m} \frac{3}{12}$.

211. Le temps total est de $\frac{2805}{56}$ h. $= 50^{h} \cdot \frac{5}{56}$.

212. Le prix d'une pièce est de 30 fr. $\frac{40}{111}$.

213. C'est le produit $38 \frac{11}{50}$ de $4 \frac{9}{10}$ par $7 \frac{4}{5}$.

214. C'est le quotient $3\frac{95}{147}$ de $9\frac{4}{7}$ par $2\frac{5}{8}$.

215. En 57 minutes 41 secondes $\frac{7}{13}$.

216. Il fera 54 myriamètres $\frac{1}{6}$.

217. 6 myriamètres $\frac{69}{104}$.

218. La moitié.

219. Le marchand de vin le mélange de manière à lui faire contenir $\frac{5}{12}$ d'eau par pièce, puis le débitant de manière à lui en faire contenir $\frac{87}{144}$ par pièce.

220. Il est 7 heures tout juste quand la classe finit, et 6 h. $\frac{2}{5}$ au moment de la demande.

221. En $62\frac{1}{2}$ brasses.

222. En $62\frac{1}{7}$.

223. Il y a 300 hommes dans l'escadron.

224. $\frac{1}{5}$ ou 200 grammes.

225. Le premier pèse $\frac{9}{16}$ de kilogramme de plus que le second.

XXII. *Problèmes et exercices sur la conversion des nombres fractionnaires en nombres décimaux, et réciproquement.*

226. Le nombre décimal demandé est 7,8125.

227. Mètres 5,75.

228. Chaque écolier a bu $1^{\text{lit.}}$,45 ou 145 centilitres.

229. Mètres 7,66666.

230. Mètres 3,416666.

231. Francs 16,26.

232. Le prix demandé est de 293,119047619047 6...

233. $9 \frac{9}{20}$.

234. $4 \frac{27}{99}$ ou $4 \frac{3}{11}$.

235. Le nombre demandé est $8 \frac{327-3}{990}$ ou $8 \frac{324}{990}$ ou enfin $8 \frac{18}{55}$.

XXIII. *Problèmes et exercices sur la conversion des fractions ordinaires en fractions décimales, et réciproquement.*

236. $0^{m.},875$ ou $8^{déc.},75$.

237. $0^{m.},2352\ldots$, c'est-à-dire qu'il n'y a pas un sous-multiple du mètre qui soit contenu un nombre exact de fois dans $\frac{4}{17}$ de mètre.

238. $26^{gr.},6666$.

239. Cet autre lui répond qu'il a fait un saut de $3^{m.},888$.

240. Celui-ci trouve $\frac{5}{8}$.

241. $\frac{4}{11}$ de gramme.

242. $\frac{927-9}{990}$ ou $\frac{51}{55}$ de décagramme.

243. $278^{fr.},125$.

244. Francs 513,45.

245. Grammes 14,83.

246. En $57^{h.},24$ à moins de 0,01 d'heure.

247. Elle a donné mètre 0,66, et il lui reste $0^{m.},22$.

248. Le troisième acheteur n'a que 37500 fr. à débourser pour avoir le reste. Et on pouvait prévoir qu'il aurait autant que le premier.

249. Chaque cheval traîne 1500 kilogrammes, tout juste.

250. Chacun des deux chevaux de même force traîne 4250 kilogrammes, et l'autre 8500.

XXIV. *Problèmes et exercices sur la transformation des mesures anciennes en mesures nouvelles, et réciproquement.*

251. Comme 10000000 de mètres valent aussi le $\frac{1}{4}$ de la circonférence de la terre, on conclut que $1^{m.} = 0^{l.},5130740$, et que $15^{m.} = 7^{l.},69611$.

252. On reconnaît que $1^{l.} = 1^{m.},949$, et que $17^{l.} = 33^{m.},133$.

253. Vu la solution 251, $1^{m.} = 3^{pieds},078444$: donc $46^{m.} = 141^{pieds},608424$.

254. Vu la solution 252, $1^{pied} = 0^{m.},3248$: donc $40^{pieds} = 12^{m.},992$.

255. Comme l'aune $= 1^{m.},188$, il s'ensuit que 2 aunes $\frac{1}{2} = 2^{m.},96$.

256. Comme $1^{m.} = 0^{a.},841$; $4^{m.},56 = 3^{a.},83496$.

257. $15^{myr.} = 33^{l.t.},76$.

258. $20^{l.t.} = 8^{myr.},88$.

259. $7^{myr.} = 17^{l.p.},955$.

260. $50^{l.p.} = 19^{myr.},45$.

261. $18^{myr.} = 32^{l.m.},4$.

262. $400^{l.m.} = 222^{myr.},22\ldots$

263. 45 degrés terrestres valent 5000000 mètres.

264. 45 degrés terrestres valent 1125 lieues.

265. Puisque la circonférence est d'un côté divisée en 400 grades, et de l'autre en 360 degrés, il s'ensuit que $1^{gr.} = \frac{360}{400}{}^{o} = \frac{9}{10}$ de degré : donc $15^{gr.} = \frac{27}{2}{}^{d.} = 13^{o},5$.

266. On reconnaît que $1^{d.} = \frac{10}{9}$ de grade : on conclut donc que $25^{o}\ 35'\ 15'' = \frac{10}{9}{}^{g.} \times (25 + \frac{35}{60} + \frac{15}{3600})$, ou enfin que $25^{o}\ 35'\ 15'' =$ grades $28,4$.

267. En France, l'échelle de la chaleur est divisée en 100 parties égales, dites grades, ou en

80, dites degrés de Réaumur (physicien) : donc 1 gr. $= \frac{4}{5}$ de degré, et par conséquent 22 grades $= \frac{88}{5} = 17°{,}6$.

268. 45° valent 2565370 toises.

269. 25 grades terrestres valent : 1° 1282675 t. ; 2° 2500000 m. ; 3° 562 l. ; 4° 250 myr.

270. 950 toises.

271. 1 kilomètre.

272. 14,620.

273. 3,069.

274. 5,874.

275. 7,650.

276. 8,772.

277. 5,115.

278. 13,706.

279. 4,080.

280. 1,315.

281. 37,98.

282. 28,404.

283. 1,260.

284. 13,00.

285. 69,102.

286. 48,620.

287. 1,02.

288. 0,540.

289. 37,015.

290. 145,865.

291. 0,306.

292. Comme 68 hectolitres ne font en muids que 25,296, cette vigne donnerait moins de vin aujourd'hui qu'anciennement.

293. 1° hectolitres 26,82 ; et 2° prix de l'hectolitre, fr. 55,93.

294. Francs 14047,50.

295. Setiers 1,28.

296. Francs 6500.

297. Francs 510,50.

298. Francs 1743,858.

299. Francs 9,239.

300 Livres tournois, sous et deniers, 253 liv. 2 s. 6 d.

XXV. *Problèmes et exercices sur la règle de trois simple (directe).*

301. Il est visible qu'en un jour il n'a fait que 16 kilomètres, et qu'il n'en fera que $15\times 16 = 240$ en 15j ours.

302. On reconnaît d'abord qu'il n'a fait que 10 myriamètres par jour ; en second lieu, qu'il en a fait 40 en 4 jours.

303. Le nombre de mètres faits par les 21 ouvriers sera $\frac{40\times 21}{15} = 56$ mètres.

304. Les 18 élèves de cinquième ont droit à $49^{fr.},65\frac{1}{2}$.

305. Hectolitres 3571,428.

306. Planches 500.

307. Le nombre d'heures demandé est $\frac{12\times 10}{160}$ $= 0,75$ ou 0 heure 45 minutes.

308. 5000 kilogrammes.

309. $0^{m.},8166$.

310. Si 25 écoliers ont donné 150 fr., un seul a donné 6 fr., et 15 ont donné 90 fr.

311. On reconnaît qu'il moud 1800 hectolitres par an, et qu'il y en a 216 pour lui.

312. Il gagne par jour francs $\frac{200}{43}$, et par conséquent par an $\frac{200 \times 365}{43} = 1697{,}67\ldots$

313. Le nombre cherché est kilog. $\frac{2\frac{1}{2} \times 1500}{27}$ $= \frac{5 \times 1500}{2 \times 27} = 138{,}88\ldots$

314. Il dépensera francs $\frac{10 \times 330}{25} = 132.$

315. Le prix cherché est $\frac{600 \times 15}{18} = 500$ fr.

316. Kilogrammes 40000.

317. 322gr.,5805.

318. Francs 600.

319. Taux 6.

320. Taux cherché 6,0833.

XXVI. *Problèmes et exercices sur la règle de trois simple (inverse ou indirecte).*

321. S'il faut 12 heures à 4 ouvriers, à un ouvrier il faudrait 4×12 heures, et à 9 seulement $\frac{4 \times 12}{9}$ $= 5^{\text{h.}},333$, ou 5 heures 20 minutes.

322. Puisque les 200 hommes ont des vivres pour 15 jours, 1 homme en aurait pour 200×15 j. et 300 seulement pour $\frac{200 \times 15}{300} = 10$ jours.

323. Ce naufragé a $100 \times 1\frac{1}{2}$ kilogramme ou 1500 hectogrammes de biscuit en tout : donc il

peut en manger par jour $\frac{1500}{150} = 10$ hect.

324. Pendant que 3 sont absents, la dépense de chacun des autres est de $\frac{1}{4}$ du total; après le retour des absents, elle est de $\frac{1}{7}$; donc $\frac{3}{28}$ valent 0,75, et par conséquent le total est de 7 fr.

325. Si la part d'un écolier était d'abord représentée par 1, au cas où au lieu de 7 écoliers il n'y en aurait plus eu qu'un, sa part eût été représentée par 7 : et si au lieu de 1 écolier il s'en trouve 28, la part de chacun sera $\frac{7}{28} = \frac{1}{4}$: ainsi, après le deuxième partage, une part n'est que le $\frac{1}{4}$ de ce qu'était une part après le premier.

326. Plus les fûts sont petits, plus il en faut : aussi le nombre de ceux de la seconde espèce est-il de 400.

327. A largeur égale à celle $\frac{3}{2}$ du drap, la toile aurait la même longueur, 5 mètres : donc avec la largeur $\frac{1}{2}$ il en faudra $3 \times 5 = 15$ mètres de longueur.

328. Si le papier avait la largeur 2m,5 du mur, il n'en faudrait que 5 mètres ; si sa largeur était seulement 0,1, il en faudrait $5 \times 2{,}5$: donc il n'en faut que $\frac{5 \times 2{,}5}{0{,}8} = 15^{m}{,}625$.

329. Il ne faudrait que 3 vaisseaux.

330. A largeur égale à celle 4 mètres du tapis, la toile demandée aurait aussi 4 mètres de longueur ; avec la largeur 1 mètre, elle aura la longueur $4 \times 4 = 16$ mètres.

331. A largeur égale à celle $\frac{8}{12}$ de la table, il suffirait d'une longueur de $1\frac{1}{2}$ à la surface de

palissandre; avec une largeur de $\frac{1}{12}$, il faudrait $8\times1\frac{1}{2}$, et avec $\frac{3}{12}$ il faudra seulement $\frac{8\times1\frac{1}{2}}{3}=4$ de longueur, et par suite il faudra aussi 4 feuilles, puisque cette surface a la même largeur que chaque feuille, et une longueur quadruple.

332. Salles 5.

333. Les 35 traits montrent que le sapin a 36 mètres de longueur; or un double décimètre étant contenu 5 fois dans le mètre, le deuxième nombre de traits est quintuple de 36 moins 1; il est donc de $180-1=179$.

334. 133fr,33.

335. On reconnaît qu'il retient 1000 francs par cheval, et par conséquent qu'il ne payera plus que 5000 francs.

336. 8.

337. Chaque élève avait les $\frac{1}{3}$ de ce qu'il a.

338. Si le terrain n'avait que 1 degré de difficulté il ferait 3×100 d'ouvrage; comme il en a 7, le terrassier ne fera plus que $\frac{3\times100}{7}=42^{m},857$.

339. Puisque chacune des trois le remplit en 15 minutes, les trois ensemble le rempliront en 5 minutes.

340. Si on ne mettait que 1 lettre par feuille, il faudrait 300×12 pages; et quand on en mettra 500, il n'en faudra que $\frac{300\times12}{500}=7,2$.

341. Concevant chaque page divisée en trois bandes égales, on est conduit à dire : si l'élève qui ne fait pas de marge a mis 24 pages, en écri-

vant seulement sur une bande, il en mettrait 3×24; et en écrivant sur 2 bandes, il n'en mettrait plus que $\frac{3 \times 24}{2} = 36$ pages, ce qu'a dû employer l'autre.

342. $\frac{7}{3} = 2^{m},333...$

343. Les 15 ouvriers feraient 2×12 par jour, si le canal n'avait que 1 mètre de profondeur; ils n'en feront que $\frac{2 \times 12}{3} = 8$ mètres, quand il a 3 mètres de profondeur.

344. On reconnaît que chacun des 3 élèves a pris $\frac{1}{2}$ litre, de sorte que 15 n'auraient rien laissé.

345. Les densités ne sont que les poids sous des volumes égaux; donc le volume de bois qui serait seulement égal à celui de la tige de fer n'en pèserait que les $\frac{7}{8}$, c'est-à-dire que sa densité serait 0,875. Mais 7, qui représente la densité du fer, étant équivalent à 3 hectogrammes, 0,001 sera équivalent à $\frac{3}{7000}$ et 0,875 à $\frac{3 \times 875}{7000} = 0^{h},375$.

346. La deuxième roue faisant 8 tours pendant la première 1, il s'ensuit que la deuxième roue fait 40 tours pendant que l'autre en fait 5.

347. 800.

348. $2^{h},428$.

349. D'après l'énoncé, cette personne se compare aux pauvres et partage également avec eux; donc après la deuxième rencontre, elle n'aura plus que le 460e de son argent.

350. Comme il faut 7 heures à 4 vannes, à une

seule il faudrait 4×7 heures, et aux 9 seulement $\frac{4 \times 7}{9} = 3^{h.},111$.

XXVII. *Problèmes et exercices sur la règle de trois composée.*

351. On reconnaît que 1 ouvrier, en 1 heure, fait $\frac{360}{12 \times 9}$, et, par conséquent, que 20 ouvriers en 13 heures font $\frac{20 \times 13 \times 360}{12 \times 9} = 866^{m.},666$.

352. On reconnaît que le temps nécessaire à 1 ouvrier pour faire un seul mètre est de $\frac{9 \times 12}{360}$ d'heure : donc le temps nécessaire à 1 ouvrier pour faire $866^{m.},66$ est de $\frac{9 \times 12 \times 866,66}{360}$, et le temps nécessaire à 20 ouvriers sera de $\frac{9 \times 12 \times 866,66}{360 \times 20} = 13$ heures.

353. Si 360 mèt. exigent 12 ouv. travaillant 9 h. par jour, 1 mètre n'exige que $\frac{9 \times 12}{360}$ travaillant 1 heure par jour : donc $866^{m.},66$ exigent $\frac{866,66 \times 9 \times 12}{360 \times 13} = 20$ ouvriers travaillant 13 h.

354. Avec un double décalitre de première qualité, ce boulanger eût fait $\frac{640 \times 3}{60}$ kilogrammes de pain : donc, avec 1000 doubles décalitres de

deuxième qualité, il en fera $\frac{1000\times 640\times 3}{60\times 2}=$ 16000 kilogrammes.

355. De l'énoncé on conclut que le transport d'un seul kilogramme à un seul myriamètre serait de francs $\frac{12{,}4}{100\times 25}$: donc le prix du transport de 1800 kilogrammes à 60 myriamètres serait $\frac{12{,}4\times 1800\times 60}{100\times 25}=$ francs 535,68.

356. Si le drap n'eût eu que 1 mèt. de large, il eût fallu, pour un seul manteau, longueur $\frac{40\times 1{,}5}{12}$; et avec 2 mètres de large, il eût fallu, pour 18 manteaux, longueur $\frac{40\times 1{,}5\times 18}{12\times 2}=45$.

357. Ces 3 troupes font, en travaillant ensemble, une fraction du canal, marquée par $\frac{1}{25}+\frac{1}{28}+\frac{1}{36}=\frac{652}{6300}$ en un seul jour : donc elles seront jours $9\,\frac{108}{163}$.

358. Comme 80 mèt. à 5 degrés exigent 15 ouv. travaillant 12 heures, 1 mètre à 1 degré n'exige que $\frac{12\times 15}{5\times 80}$ ouv. travaillant 1 heure ; et 150 mètres à 2 degrés exigent $\frac{2\times 150\times 12\times 15}{13\times 5\times 80}=$ ouvriers $10\,\frac{5}{13}$ travaillant 13 heures.

359. Puisqu'un mur de 60$^{m.}$,5 sur une hauteur de 12,4 et une épaisseur de 1,15 exige 30 maçons,

travaillant 50 jours et 10 heures par jour, un mur de 1 mètre, sur une hauteur de 1, une épaisseur de 1, exigerait $\frac{50\times10\times30}{60{,}50\times12{,}4\times1{,}15}$ maç. travaillant 1 jour et 1 heure : par conséquent un mur, de $45^{m.},50$ de longueur sur 15,9 de hauteur et 1,8 d'épaisseur exigera $\frac{45{,}50\times50\times10\times15{,}9\times1{,}8\times30}{60{,}5\times12{,}4\times1{,}15\times36\times12}=$ maçons $52\frac{141466}{345092}$.

360. De 24000 kilogrammes.

361. 1re *solution.* Les vivres qu'un homme reçoit par mois sont $\frac{1}{1200\times7}$; mais comme il doit toujours recevoir la même quantité, si on désigne par n le nombre des hommes qui restent 10 mois, cette quantité de vivres est aussi $\frac{1}{10\times n}$; comme ces deux fractions sont égales, on conclut que $n=840$ hommes.

2e *solution.* Les vivres nécessaires pour 7 mois à 1200 hommes sont les mêmes que les vivres nécessaires pour 1 mois à 7 fois plus d'hommes, ou à 7×1200; si ce dernier nombre d'hommes peuvent vivre 1 mois avec les vivres donnés, il est clair que, pour en vivre 10 mois, il faut qu'ils soient réduits à leur dixième partie, ou qu'ils ne soient plus qu'au nombre de 840.

362. La ration, au lieu d'être de 12 hectogrammes par jour, ne devra être que de $7^{hect.},37$.

363. Il est visible que 1 homme aurait vécu

800×50 jours avec cette moitié : donc 540 hommes ne vivront que $\frac{800 \times 50}{540}$ = jours 74 $\frac{2}{27}$.

364. Ce nombre est de $\frac{9 \times 1000 \times 15}{12 \times 1200} = 9\frac{3}{8}$ pages.

365. Puisque 180 mètres sont faits en 5 jours par 12 ouvriers qui travaillent 9 heures par jour, 1 mètre est fait en $\frac{12 \times 9 \times 5}{190}$ par un ouvrier qui ne travaille qu'une heure, et 126 mètres en $\frac{126 \times 12 \times 9 \times 5}{3 \times 7 \times 190} = 17\frac{1}{19}$ jours par 3 ouv. travaillant 7 heures.

366. La somme demandée est de $\frac{1200 \times 8 \times 140}{5 \times 180}$ = 1493,33 francs.

367. Ce berger recevrait $\frac{280 \times 500 \times 87}{300 \times 160}$ = 253fr,75.

368. Le nombre demandé est $\frac{50 \times 1{,}5 \times 0{,}6 \times 0{,}04 \times 15 \times 14}{6 \times 10 \times 2 \times 0{,}07 \times 0{,}7} = 64\frac{2}{7}$ planches d'acajou.

369. Les 16 ouvriers feront 450 mètres.

370. L'étang se remplirait en 1 heure $\frac{23}{37}$.

371. Il faudrait charges $\frac{40 \times 84 \times 4}{65 \times 3{,}56} = 58\frac{94}{1157}$.

372. Ce nombre de carreaux est de $\frac{1500 \times 7 \times 3}{8 \times 3\frac{1}{2}}$ = 1125.

373. Le poids de l'autre table de marbre est de

$$\frac{250 \times 2 \times 1 \times 0{,}12}{1{,}5 \times 0{,}7 \times 0{,}1} = 571^{k.},428.$$

374. Si la page était d'une ligne, et la ligne d'une lettre, il faudrait 52 × 30 × 400 pages : donc, au cas actuel, il ne faut que

$$\frac{52 \times 30 \times 400}{40 \times 25} = 624 \text{ pages.}$$

375. Le nombre demandé est de

$$\frac{100 \times 0{,}2 \times 0{,}04 \times 0{,}16}{0{,}19 \times 0{,}03 \times 0{,}15} = 149 \tfrac{121}{171} \text{ volumes.}$$

XXVIII. *Problèmes et exercices sur la règle d'intérêt simple.*

376. L'intérêt demandé est de francs 156.

377. Cet intérêt est de francs $\frac{6 \times 1167 \times 1800}{100 \times 365}$ $= 345{,}30$.

378. Cet intérêt est de $\frac{985 \times 335 \times 7}{100 \times 360}$ $= 64^{fr.},16$.

379. Francs 41,91.

380. Francs 23,32.

381. Comme 1 franc aujourd'hui vaut, dans 27 mois, $\frac{681}{600}$, la valeur demandée est de $\frac{750 \times 681}{600}$ $= 851^{fr.},25$.

382. On reconnaît que le montant demandé est de $1900 \times \frac{281}{240} = 2224^{fr.},58$.

383. Comme $\frac{681}{600}$ fr. ne valent que 1 fr. au-

jourd'hui, 851 fr. ne valent que $\frac{1 \times 600 \times 851}{681}$ $= 749{,}79$.

384. On reconnaît que 1 fr. aujourd'hui vaut $\frac{1417}{1200}$ de franc après 31 mois : donc le montant cherché est de $\frac{6000 \times 1417}{1200} = 7085$ fr.

385. La valeur, argent comptant, est de $7085 \times \frac{1200}{1417} = 6000$ fr.

386. Puisque 45 fr. sont rapportés en 12 mois par 750 fr., il est clair que 101 fr. l'ont été en $\frac{101 \times 12}{45} = 26$ mois $\frac{42}{45}$, ou plutôt 2 ans 3 mois.

387. Francs 169,29.

388. Le temps cherché est de 2 ans 7 mois.

389. 4 ans 11 mois et 12 jours.

390. Puisque 27 mois donnent lieu à un intérêt de 101fr.,25, le taux est de $\frac{100 \times 12 \times 101{,}25}{750 \times 27} = 6$.

391. Ce taux est de francs $\frac{782{,}46 \times 100}{6 \times 1863} = 7$.

392. Le taux cherché est de $\frac{1890 \times 365 \times 100}{1227 \times 9917}$ $= 5{,}67$.

393. Ce taux est de $\frac{2000 \times 100}{3 \times 4000} = 16{,}666$.

394. 7 pour 100.

395. 6796fr.,20.

396. Francs 880.

397. Ce capital est de 5640 fr.

398. Le temps demandé est de 3 ans 5 mois.

399. Ce taux est de 6 pour 100.

400. 1 an 7 mois et 6 jours.

XXIX. *Problèmes et exercices sur la règle de troc.*

401. Le nombre d'hectolitres de colza est de $78\frac{1}{8} = 78{,}125$.

402. Francs 1,0746 la douzaine.

403. Prix nouveau du kilogramme d'acide 1fr.,23.

404. Prix nouveau du quintal métrique de houille 16fr.,666.

405. Le nombre de mètres de basin est de $38\frac{22}{31}$.

406. Le nouveau prix du savon doit être de $\frac{7{,}6 \times 1{,}35}{9{,}5} = 1^{fr.},08$.

407. Franc 1,107.

408. A $417^{fr.},85\frac{5}{7}$.

409. Longueur, 36 mètres.

410. On trouve d'abord pour le prix de 1 mètre du drap de deuxième qualité, francs $\frac{7 \times 36 \times 0{,}7}{8 \times 0{,}9} = 24{,}50$; puis, pour le nombre des mètres nécessaires pour opérer la compensation, $22\frac{2}{49}$.

XXX. *Problèmes et exercices sur la règle d'une simple fausse position.*

411. Cette personne a 110 lampions et 17 fenêtres.

412. Ce boucher a 1364 fr., et achète 54 moutons.

413. Il y a 25 pièces sur lesquelles il perd 4 fr.

414. Ce maître doit 240 fr. et a 20 élèves.

415. Le montant du loyer est de 1200 fr., et le nombre des élèves est de 50.

416. Ce nombre est 56.

417. Ce nombre est 16.

418. La première personne doit avoir 64 fr., la deuxième 128 fr., et la troisième 448 fr.

419. Le nombre demandé est 840.

420. Il est visible que 24 est le double du plus grand, et par conséquent que les nombres sont 12 et 8.

421. L'un de ces nombres est 40, et l'autre 16.

422. Le nombre des coups de filet fructueux est de 8.

423. La fontaine qui donne 4 litres par minute a coulé 3 minutes, et l'autre 9.

424. Cette personne rencontre 4 pauvres et a 90 centimes.

425. Si l'on donne 1 fr. à la première personne, la deuxième aura $1 + 54$, et la troisième $2 + 54 + 78$, ce qui fait pour les trois 190 fr. En diminuant 190 de 4, il suffira de partager la différence $6954 - 186 = 6768$ proportionnellement aux nombres 1, 1 et 2 pour avoir les nombres 1692 1692 et 3384 qui, augmentés respectivement de 0, de $0 + 54$, et de $0 + 54 + 78$, seront les parts cherchées, lesquelles sont 1692, 1746 et 3516.

XXXI. *Problèmes et exercices sur la règle d'une double fausse position.*

426. Les parts sont 30, 70 et 130 fr.

427. L'une des parts est 27 et l'autre est 17.

428. Le fils a 20 ans.

429. On peut dire que les $\frac{23}{9}$ de l'âge du fils valent 46 ans, et par suite, que le fils a 18 ans.

430. Ce berger a 360 moutons.

431. Poulets 112.

432. Il est 3 heures $\frac{1}{2}$.

433. La somme qu'a le père est de 18 fr.

434. Puisqu'il n'y a qu'autant que ce nombre est augmenté de 2 qu'il forme la différence $14 - 12 = 2$, il s'ensuit qu'il est nul, c'est-à-dire que ce lycéen n'a pas composé.

435. Le quantième demandé est le 13 : car il fait partie des jours non écoulés.

XXXII. *Problèmes et exercices sur la règle conjointe.*

436. Livres sterling 177,2.

437. On reconnaît que 1 livre sterling vaut $\frac{504}{20}$; et partant que 164 souverains valent

$$\frac{164 \times 35 \times 504}{50\frac{2}{3} \times 20} = 2854^{\text{fr.}},89.$$

438. Le nombre demandé est

$$\frac{492 \times 35 \times 440 \times 120\frac{1}{2}}{21 \times 100 \times 50\frac{1}{3}} = 8508^{\text{fr.}},60.$$

439. La somme cherchée est

$$\text{francs } \frac{112,86 \times 1251 \times 180}{54 \times 125} = 3765 \text{ fr.}$$

440. Ce nombre est $\frac{4000 \times 100 \times 100}{400 \times 296}$

$= 337\frac{31}{38}$ ducats.

XXXIII. *Problèmes et exercices sur la règle de société ou de partage*

441. Chaque négociant a gagné $\frac{30000}{4} = 7500$ fr.

442. Chaque négociant a perdu $\frac{6000}{5} = 1200$ fr.

443. Les gains respectifs sont $\frac{60}{113} \times 3500 = 1858{,}40$; $\frac{60}{113} \times 3800 = 2017{,}90$; et $\frac{60}{113} \times 4000 = 2123^{fr.}{,}90$.

444. Les pertes respectives sont 354fr.,55, 327fr.,27, 381fr.,81, et 436fr.,37.

445. On reconnaît que la question revient à partager 84560 fr. proportionnellement aux nombres 40, 24, 21 et 45 ; et par suite, que les parts sont respectivement 26018fr.,46, 15611fr.,08, 13659fr.,70, 29270fr.,76.

446. Ces marchands ont gagné respectivement 5779fr.,26, 1001fr.,90, 751fr.,67 et 267fr.,25.

447. Les pertes respectives sont de 9140fr.,62, 3750 fr. et 2109fr.,37.

448. Les parts respectives sont 23299fr.,75, 42515fr.,20 et 34184 fr.

449. Les salaires respectifs sont 464fr.,47. 483fr.,85 et 451fr.,55.

450. Ces maçons ont reçu : le premier 500 fr., le deuxième 550 fr., le troisième 380 fr., le quatrième 600 fr., le cinquième 635 fr., le sixième 825 fr., et chacun des autres 420 fr.

451. Il y a 14 hommes et 6 femmes.

452. Ce temps est de 1 heure 6 minutes et 49 secondes.

453. En 1 heure 27 minutes $\frac{1}{2}$.

454. Ce nombre est 544. En effet, $\frac{1}{3} + \frac{1}{5} + \frac{13}{6} = \frac{81}{30}$ de ce nombre ; mais si 1468,8 sont $\frac{81}{30}$ de ce nombre,

il est lui-même $\frac{1468,8 \times 30}{81} = 544$.

455. D'après l'énoncé, les parts demandées doivent être proportionnelles à $\frac{1}{12}$, $\frac{1}{10}$, $\frac{1}{8}$ et $\frac{1}{5}$: donc elles sont respectivement 20 fr., 24 fr., 30 fr. et 48 fr.

456. On reconnaît que 11700 fr. ont été gagnés par 10000 fr.; donc 1 fr. l'a été par $\frac{10000}{11700} = 0,8547$: d'où il suit que les mises sont respectivement $2991^{\text{fr.}},45$, $3418^{\text{fr.}},80$ et $3589^{\text{fr.}},75$.

457. En défalquant 360 fr. qui reviennent au quatrième associé pour sa gestion, on est conduit à partager 11640 fr. selon les autres conditions de l'énoncé. Alors les parts respectives sont $2841^{\text{fr.}},45$, $2524^{\text{fr.}},85$, $2958^{\text{fr.}},85$ et $3313^{\text{fr.}},95$.

458. Les mises respectives sont de $1333^{\text{fr.}},33$, $1666^{\text{fr.}},67$, 1800 fr. et 2000 fr.

459. La partie placée à 8 $\frac{1}{4}$ pour 100 est de 22000 fr., et l'autre est de 28000 fr.

460. Les mises respectives sont de 1372 fr., 1885 fr. et 2743 fr.

461. Comme $\frac{2}{3} + \frac{1}{4} = \frac{11}{12}$ de la somme, et que le reste est de $800 + 200$, on conclut que cette somme est de 12000 fr.

462. La pression cherchée est de kilog. $1\frac{1}{35}$.

463. $1^{\text{m.}},25$.

464. Les trois détachements auront respectivement 2250, 3750 et 8250 cartouches.

465. Il est clair que le travail d'un ouvrier est proportionnel : 1° à la longueur, 2° à la largeur, 3° à la profondeur du fossé creusé par cet ouvrier. La question est donc de partager 1500 fr. proportionnellement aux nombres 125,58, 294,435 et

532. On trouve alors que les parts sont 185 fr., 470 fr. et 850 fr.

466. L'un aura 910fr.,72 et l'autre 1639fr.,30.

467. En 54 minutes.

468. On trouve d'abord que le deuxième a gagné 4297fr.,95 et le troisième 2699fr.,95; le gain du troisième étant 2700 rapportés par 15000 fr., il s'ensuit que 5000 fr. ont été rapportés par $\frac{15000}{2700} \times 5000 = 27777,77$ qui forment la mise du premier.

469. A 2315 fr.

470. Cette fortune est de 72000 fr.

471. Le tonneau contient 40 brocs.

472. La mise du premier est de 4224fr.,14.

473. Les poids respectifs sont de 320 kilog., 648 kilog. et 48 kilog.

474. Ils valent respectivement, mètres cubes 0,4, 0,81 et 0,06.

475. On reconnaît que 4 fr. forment $\frac{1}{42}$ de cette somme, laquelle est par conséquent de 168 fr.

XXXIV. *Problèmes et exercices sur la règle d'escompte en dedans.*

476. La valeur actuelle étant de 883fr.,72, l'escompte demandé est de 950 fr. — 883fr.,72 = 66fr.,28.

477. Francs, 1842,11.

478. Francs, 192,05.

479. Francs, 26,89.

480. D'après l'énoncé 1363fr.,64 sont les intérêts

de 13636fr.,36 pendant 2 ans : donc le taux est de 5 pour 100.

481. L'échéance est à 2 ans.

482. Le montant est de 15000 fr.

483. Ce taux est de francs 8,888.

484. Après 8 ans 5 mois et 15 jours.

485. Ce montant est de 813fr.,83.

XXXV. *Problèmes et exercices sur la règle d'escompte en dehors.*

486. Cet escompte est de francs 931.

487. Cet escompte est de francs 228.

488. Le taux cherché est de 6 p. 100.

489. Au bout de 3 ans.

490. La somme déboursée francs 878,75 étant la différence entre le montant du billet et l'intérêt de ce montant pendant 15 mois, il s'ensuit que cet intérêt est de francs 71,25 : donc le taux cherché est $\frac{71^{fr.},25 \times 100 \times 12}{950 \times 15} = 6$ fr.

491. L'époque cherchée est de 15 mois.

492. Il suit de l'énoncé que 878fr.,75 doivent en 15 mois produire un intérêt de 71fr.,25 : donc le taux est de 6fr,50.

493. L'échéance devait avoir lieu en 3 ans et 4 mois.

494. D'après l'énoncé, les intérêts de 2280fr.,36 sont de 570fr.,09 en 40 mois : d'où l'on conclut que le taux est de 7fr.,50.

495. L'escompte en dedans donne lieu à une retenue de 136fr.,37 sur le montant du billet : l'escompte en dehors donne lieu à une retenue de

150 fr. sur le même montant. Or, la première retenue augmentée de son intérêt 13fr.,63 pour 2 ans donnant la seconde, il s'ensuit que la proposition énoncée est vérifiée.

496. L'escompte en dehors donne pour retenue 540 fr. et l'autre 495fr.,42; celle-ci, augmentée de ses intérêts 44fr.,60, donne bien l'autre.

497. L'escompte en dehors donne pour retenue 204fr.,17 et l'autre 192fr.,91, dont les intérêts sont 11fr.,26.

498. Par l'escompte en dehors la retenue est de 94fr.,80, et par l'autre, de 91fr.,30, dont les intérêts sont 3fr.,50.

499. L'une des retenues est 294fr.,37 et l'autre 268 fr.

500. Prix du change, 224 fr.

XXXVI. *Problèmes et exercices sur la règle d'intérêts composés.*

501. Cette valeur est $\left\{\left(\frac{21}{20}\right)^3 \times 850\right\} \times \frac{41}{40} = 1008$ fr.

502. Cette valeur est $\left\{\left(\frac{21}{20}\right)^3 \times 850\right\} \times \frac{49}{48} = 1004$ fr.

503. La somme demandée est $\left\{\left(\frac{53}{50}\right)^2 \times 4500\right\} \frac{103}{100} = 5207^{fr.},88$.

504. Ce montant est de $\left\{\left(\frac{107}{100}\right)^3 \times 500\right\} \times \frac{607}{600} = 619^{fr.},15$.

505. Après 3 ans, ce capital n'était que de $564921 \times \frac{60}{61} = 555660$ fr.; par suite, sa valeur actuelle est $555660 \times \left(\frac{20}{21}\right)^3 = 480000$ fr.

506. Ce capital est de francs 426,33.

507. Cette somme s'élève à $164^{fr.},43$.

508. Les 560 valent, après 2 ans, $560 \times (\frac{26}{25})^2 = 605^{fr.},72$; puis six mois plus tard, $605,72 \times \frac{51}{50} = 618$ fr.

509. Ce capital est de $738^{fr.},17$.

510. Ce capital est de 800 fr.

XXXVII. *Problèmes et exercices sur la règle des mélanges.*

511. L'hectolitre du mélange coûte $25^{fr.},40$ et le litre $0^{fr.},25$.

512. Le litre du mélange revient à $0^{fr.},84$.

513. La portée moyenne est de $384^{m.},33$.

514. Le gain moyen est de $2^{fr.},41$.

515. Le mélange demandé n'exige que 4 litres à 15 sous pour 5 litres à 24 sous.

516. Pour former le mélange demandé, il faut prendre 2 litres à 18 sous pour un litre à 24 sous.

517. La question revient à former un mélange à 23 sous le litre, mais qu'on vendra 25 sous. Pour un mélange à 23 sous, il faut 9 litres à 18 sous pour 5 à 32.

518. Il faut prendre 3 litres à $1^{fr.},50$ pour 4 litres à $1^{fr.},15$.

519. Si l'on prend 5 litres à 12 sous pour 1 litre à 20 sous et pour 1 litre à 25 sous, on aura une des solutions de ce problème.

520. Il suffit de mettre 2 hectolitres à 35 fr. avec 5 hectolitres à 28 fr.

521. En prenant 3 hectolitres à 28 fr. avec 1 hectolitre à 31 fr. et 1 hectolitre à 35 fr., on a une des solutions de la question.

522. Il doit mettre 7 litres à 2 fr. avec 10 litres à $1^{fr.},15$.

523. Il faut mettre 30 hectolitres de vin du Midi pour 70 hectolitres de vin de Bourgogne.

524. Il faut prendre 500 hectolitres de vin de Surênes avec 600 hectolitres de vin du Midi.

525. On a une des solutions de la question en prenant 30 hectolitres de vin de Surênes avec 15 hectolitres de vin du Midi et 15 hectolitres de vin de Bourgogne.

526. Vous aurez une des solutions en prenant 800 hectolitres de vin de Surênes, 800 hectolitres de vin de Périgueux, 208 hectolitres de vin de Bordeaux et 208 hectolitres de vin de Bourgogne.

527. Il y a 6 litres à 24 sous pour 4 litres à 14 sous.

528. Il y a 5 litres à 21 sous pour 3 litres à 13 sous.

529. Il y a 800 hectolitres à 15 fr.

530. Il faut ajouter 25 litres d'eau.

531. En prenant 3 litres à 10 sous, 3 litres à 14 sous, 4 litres à 20 sous et 4 litres à 25 sous, on aura des solutions du problème.

532. Il suffit de 120 litres à 10 sous, de 120 litres à 14 sous, de 160 litres à 20 sous et de 160 litres à 25 sous.

533. Il faut mettre 2 litres à $0^{fr.},50$ pour 5 litres à $0^{fr.},85$.

534 Il y a 240 litres à $0^{fr.},50$ et 60 litres à $0^{fr.},85$.

535. Il faut ajouter 45 litres.

536. Il faut ajouter $54^{lit.},68$ d'eau.

537. Il faut ajouter 225 litres d'eau.

538. En prenant 2777,77 litres à 0fr.,20, 2777lit.,7 à 0fr.,25, 2222lit.,22 à 0fr.,42 et 2222lit.,22 à 0fr.,48, on aura une solution de la question.

539. En acide pur, il y a les $\frac{5,240895}{6,332} = 0,828$ du mélange.

540. Il faut prendre 115k.,2 de l'acide, dont les 0,97 sont purs, et 44k.,8 de l'autre.

XXXVIII. *Problèmes et exercices sur la règle d'alliage.*

541. Il y a 70 grammes d'or pur.

542. Il y a 300 grammes d'argent pur.

543. Le titre nouveau est de $\frac{12,8402}{14,45} = 0,88$.

544. Ce titre est $\frac{91}{100} = 0,91$.

545. Comme l'argent natif est ici supposé pur, le titre est $\frac{2500}{2800} = 0,892$.

546. La quantité de fin est, décagrammes 115,5.

547. La quantité de fin est, grammes 94,88.

548. Il faut prendre 1 gramme au titre 0,7 pour 4 grammes au titre 0,95.

549. Vu le problème précédent, il suffit de prendre 20 grammes au titre 0,7 et 80 grammes au titre 0,95.

550. Ce lingot pèse 1000 grammes.

551. Il faut prendre 18 grammes au titre 0,97, avec 7 grammes au titre 0,72.

552. Ce reste est de 1218 $\frac{1}{8}$.

553. Il faut prendre 3 grammes au titre 0,94 pour 2 grammes au titre 0,79.

554. Le lingot s'obtient en mettant 6 kilogrammes au titre 0,94 avec 4 kilogrammes au titre 0,79.

555. Ce lingot pèse 1 kilogramme.

556. On aura une solution de la question en prenant 8 grammes au titre 0,84 ; de même 8 grammes au titre 0,79, et 17 grammes au titre 0,98.

557. On a une solution du problème en prenant 363gr.,64 au titre 0,84, 363gr.,64 au titre 0,79, et 772gr.,73 au titre 0,98.

558. Le poids 138 gr. $\frac{4}{7}$ est une des solutions de la question.

559. On a une solution de ce problème en prenant 18 au titre 0,73, 2 grammes au titre 0,79, 3 grammes au titre 0,92 et 3 grammes au titre 0,95.

560. Une solution de la question consiste à prendre, grammes 1666,66 au titre 0,73, grammes 3333,33 au titre 0,79, grammes 4999,99 au titre 0,92, et grammes 4999,99 à 0,95.

561. Dans le rapport de 175gr.,4 au titre $\frac{11}{12}$ à 4 grammes au titre $\frac{1}{5}$.

562. Il faut prendre kilogrammes 9,70775 au titre $\frac{11}{12}$, et kilogrammes 0,2323 au titre $\frac{1}{5}$.

563. Ce lingot pèse 327 kilogrammes.

564. Il faut prendre grammes 33,75 du premier lingot, et grammes 56, 25 du second.

565. Il faut prendre 109 $\frac{1}{11}$ grammes du premier et 90 $\frac{10}{11}$ grammes du second.

566. Il faut prendre 66 $\frac{2}{3}$ grammes du premier et 33 $\frac{1}{3}$ grammes du second.

567. Il faut les allier dans le rapport de 2 parties du premier à 3 du second, de sorte que le lingot cherché contiendra 40 grammes du premier et 60 grammes du second.

568. Le rapport de 17 parties de l'or à 22 carats

avec 1 partie de l'or à 14,8 carats répond à la question.

569. Il faudra prendre 19 parties du premier pour 1 partie du second.

570. Grammes 27,777.

571. Il faut y ajouter 6000 grammes d'or pur.

572. Il faut en extraire grammes 444,45.

573. Grammes 333,34.

574. Grammes 36,04.

575. Grammes d'or pur 46.

576. Kilogrammes 1 $\frac{2}{3}$.

577. Francs 222,22.

578. Francs 1018,50.

579. Grammes 11142,91.

580. Il faut ajouter 9kilos.,3333... d'argent pur

581. Il faut ajouter 533 grammes d'alliage.

582. Francs 0,2222.

583. Francs 3,444.

584. Grammes 6,45161.

585. Francs 3444,45.

XXXIX. *Problèmes et exercices sur l'extraction de la racine carrée.*

586. 1° 688 ; 2° $\frac{2}{3}$.

587. 5,29.

588. $\frac{6}{7}$ ou $\frac{7}{7} = 1$.

589. $\frac{27}{8}$ ou $\frac{28}{8}$.

590. 0,73.

591. On a la formule $1500.x^2 = 2460$, d'où $x = 1{,}12$; donc l'intérêt est de 12 pour 100.

592. Mètres 8,65.

593. Francs 2437,50.

594. Secondes 199,7.

595. La racine carrée de 19 à 0,1 près est 4,36.

XL. *Problèmes et exercices sur l'extraction de la racine cubique.*

596. 342

597. 0,78.

598. La racine cubique de $\frac{8}{27}$ est $\frac{2}{3}$.

599. La racine cubique de $\frac{3}{16}$ est comprise entre $\frac{1}{2}$ et $\frac{2}{3}$.

600. La racine cubique de 58, à 0,01 près, est 3,89.

601. La racine cubique de $\frac{15}{19}$, à 0,01 près, est 0,92.

602. Si x désigne la valeur de 1 fr. au bout des 3 ans, il vient $1000.\ x^3 = 1200$; d'où $x = \sqrt[3]{1{,}2} = 1{,}06$: donc le taux est de 6 pour 100.

603. Mètres 2,81.

604. $\frac{16}{15}$ ou $\frac{17}{15}$.

605. Ici $1000\ x^6 = 1000\ (x^3)^2 = 3072^{fr.},50$, d'où l'on conclut que le taux est 15 pour 100.

XLI. *Problèmes et exercices sur la règle d'annuités*

606. La quotité est de $8389^{fr.},76$.

607. En désignant par 1 la quotité de l'annuité, on trouve l'égalité $(\frac{53}{50})^2 + \frac{53}{50} + \frac{50}{50} = 75000 \times \frac{148877}{125000}$: donc cette quotité est de $26801^{fr.},80$.

608. Le montant est de 3980,32.

609. On a la relation $(\frac{13}{12})^2 + \frac{13}{12} + \frac{12}{12} = 180000 \times (\frac{13}{12})^3$. D'où l'on conclut que chaque payement doit être de $64861^{fr.},65$.

610. Le montant de chaque payement est de $5112^{fr.},60$.

XLII. *Emploi des proportions pour la résolution des problèmes qui dépendent de la règle de trois.*

611. La proportion $12 : 15 :: 150 : x$ donne $x = 187^{m.},5$ pour l'ouvrage fait par 15 ouvriers.

612. La proportion $12 : 8 :: 40 : x$ donne $x = 26,66...$ pour le nombre demandé.

613. La dette est de 3800 fr.

614. La prime s'élève à $4609^{fr.},50$.

615. Poids net, 2235 kil.

616. Il vient successivement $7 : 10 :: 210 : x = \frac{210 \times 10}{7}$; $6 : 4 :: \frac{210 \times 10}{7} : y = \frac{210 \times 10 \times 4}{7 \times 6}$; et $8 : 12 :: \frac{210 \times 10 \times 4}{7 \times 6} : z = \frac{2100 \times 4 \times 12}{7 \times 6 \times 8} = 300$ mètres.

617. La proportion $8955 : 3500 :: 4000 : x$ donne $x = 1563^{fr.},40$ pour le gain du premier. On trouve de même pour celui du deuxième $1516^{fr.},45$, et pour le gain du troisième $920^{fr.},15$.

618. On déduit de $100 : 115 + \frac{2}{3} \times 5 :: 1560 : x = 1846$ fr.

619. Il vient $115 + \frac{2}{3} \times 5 : 100 :: 1846 : x = 1560$ fr.

620. Il vient $35 : 140 :: 1$ an $: x = \frac{140}{35} = 4$ ans.

621. $600 : 100 :: 66,66... : x = 11^{fr.},111$.

622. Il vient $110 + \frac{7}{12} \times 5 : 100 :: 800 : x$

$= 708^{fr\cdot},48$: donc l'escompte est de $91^{fr\cdot},52$.

623. La somme à retirer est de 4644 fr.

624. Les trois proportions $100 : 106 :: 780 : x = 826,80$; $100 : 106 :: 826,8 : y = 876,48$; et $100 : 104 :: 876,48 : z = 907^{fr\cdot},61$ pour la valeur demandée.

625. La valeur dans 3 ans est de $630^{fr\cdot},65$ et par suite la valeur, argent comptant, est de $554^{fr\cdot},30$.

XLIII. *Application des progressions arithmétiques à la résolution de certains problèmes.*

626. Brocs 11, le 31e jour, et 186 dans le mois.

627. La question revient à insérer 6 moyens entre 6 et 48; la raison ou distance entre deux arbres est donc $\frac{48-6}{7} = 6$.

628. Vers en portefeuille, 8150.

629. Il a pris 5 kilogrammes de poisson le lundi, 7 le mardi, etc.

630. Hectolitres 17.

XLIV. *Application des progressions géométriques à la résolution de certains problèmes.*

631. Aux conditions du premier marché, francs 240; à celles du second, francs 2047,50.

632. Comme il prend $\frac{1}{100}$ du contenu, il en laisse les $\frac{99}{100}$: donc les restes successifs forment une progression géométrique dont la raison est $\frac{99}{100}$; donc il ne rend que litres 82,62.

633. Litres 8,4.

634. Par le premier coup de piston, l'air se rend dans un des corps de pompe et occupe une capa-

cité de 11 litres, dont $\frac{1}{11}$ n'est plus du récipient : donc il ne reste dans le récipient que les $\frac{10}{11}$ de ce qu'il contenait ; donc la progression des restes a pour raison $\frac{10}{11}$; donc le dixième reste = litres 3,85.

635. Montant, francs 42012 =

$$\left\{\frac{\left(\frac{53}{50}\right)^7 \times 5000 - \frac{53}{50} \times 5000}{\frac{53}{50} - 1}\right\}.$$

XLV. *Application des logarithmes à la résolution de certains problèmes.*

636. Racine 6,885.

637. En désignant par x la valeur de 1 fr. au bout de 1 an, on trouve $\log. x = \frac{\log. 2868 - \log. 1586}{5}$; donc le taux est 12,575.

638. Quotité 22306.

639. Quotité 33822 francs.

640. Prix 165000 fr.

641. Il faudrait 10 annuités.

642. Temps 14 ans 2^{mois},4.

643. Il lui reste à payer $\left\{\frac{70000}{\left(\frac{53}{50}\right)^4} - \frac{50000}{\left(\frac{53}{50}\right)^3}\right\} \times \left(\frac{53}{50}\right)^6 = 19101^{\text{fr.}},20$.

644. 7 ans 3^{mois},3.

645. Litres 36,983.

646. Montant 7000 fr.

647. Hectolitres 184480000000000.

648. Récolte approchée :

$$\frac{4020100000000000000000000000}{23}.$$

649. Valeur cherchée 1741954.

650. En 115 ans 9 mois.

PROBLÈMES DE RÉCAPITULATION.

651. Taux 5,65.

652. Taux 12,65.

653. Il y a 12 femmes qui auraient chacune 20 fr. si elles étaient seules, et 48 hommes qui auraient chacun 5 fr. s'ils étaient seuls.

654. Le capital est de 750 fr. et le taux de 6 pour 100.

655. On a $560x^3 = 648,27$; d'où l'on conclut que le taux est de 5 pour 100.

656. Capital cherché 19941fr.,25.

657. Le nombre des pauvres est de 106.

658. Après 50 jours.

659. Taux 7fr.,20.

660. Intérêt 761fr.,25.

661. La somme déboursée est de 2786fr.,70.

626. L'acheteur ne donnerait que 900 fr. comptant.

663. La première a 1000 fr., la deuxième 200 fr., et la troisième 100 fr.

664. La première a 25 fr., la deuxième 60 fr., et la troisième 88 fr.

665. Mètres 120.

666. Les 2 parties sont $\frac{25}{6}$ et $\frac{5}{6}$.

667. Ce nombre est 15.

668. La racine demandée est 542.

669. Dépense annuelle 3102fr.,50.

670. Kilogrammes 14.

671. Longueur 2m.,4.

672. Après avoir parcouru 1 lieue et $\frac{1}{9}$.

673. Nombre de carreaux 2592.

674. Les parts des cinq colonnes sont respectivement 3465 kilogrammes, 3150 kilogrammes, 3080 kilogrammes, 2970 kilogrammes, 2772 kilogrammes.

675. La part du fils est de 90000 écus, celle de la mère de 30000 écus, et celle de la fille de 10000 écus.

676. Francs 15897,60.

677. Francs 12950.

678. Prix en troc, 28 fr. pour le velours

679. Prix net du tonneau $874^{fr},13$.

680. A 67108000 personnes.

681. 330 et 418 ouvriers.

682. 10 marcs de chaque lingot.

683. 7500 fr. sont placés à 5 pour 100, et 2500 fr. à 7 pour 100.

684. Les 7500 fr. sont placés à 5 p. 100 et les 2500 à 7 pour 100.

685. Les sommes respectives sont, francs 21428 $\frac{4}{7}$, francs 42857 $\frac{1}{7}$, et francs 44642 $\frac{6}{7}$.

686. Il y avait 30 kilogrammes à 14 fr. et 70 kilogrammes à 18 fr.

687. 14929920.

688. 25 pièces d'or et 19 d'argent.

689. Le premier a 68 fr., et l'autre 28 fr.

690. Il y a 30 ouvriers dans la première troupe, et 40 dans l'autre.

691. Chaque payement est de $161^{fr},68$.

692. 13 ans.

693. 4 ans 7 mois.

694. Le capital est de $101287^{fr},50$, et le revenu de $5064^{fr},375$.

695. Fonds social, 14800 fr.

696. Le premier régiment doit avoir : chevaux $581\frac{26}{29}$; le deuxième, chevaux $452\frac{17}{29}$; et l'autre, chevaux $465\frac{15}{29}$.

697. 1m.,995.

698. Le prix du jardin est de 21000 fr. ; celui de la maison de 35000 fr., et celui de la ferme de 60000 fr.

699. Il y avait 24 lieutenants et 15 capitaines.

700. Non ; et c'est là une conséquence de la proportion $\frac{5}{8}=\frac{10}{16}$.

701. Elle sera plus petite, ainsi qu'on le reconnaîtra *à priori* en déterminant de combien chacune est inférieure à l'unité.

702. Heures par jour, $8\frac{2}{3}$.

703. 675 pieds de Paris.

704. 15m.,714...

705. Tours 212,1212 ..

706. Le rapport du nombre des tours faits par les roues de devant au nombre des tours faits par les autres est de 3 à 2.

707. Les salaires respectifs sont de 2000 fr., 2100 fr., et 2000 fr.

708. Les trois divisions auront respectivement 36, 45 et 84 pièces de canon.

709. Il y a 40 kilogrammes de la première espèce, et 60 kilogrammes de la seconde.

710. Prix de l'hectolitre du mélange, 34fr.,55.

711. $\frac{5}{3}$ de fois.

712. 31m.,43.

713. La bobine fait 60 tours pendant que le dévidoir en fait 10.

714. Tours, $1060\frac{20}{33}$.

715. Circonférence de la pièce de 5 francs millimètres 116,28.

716. Circonférence de la pièce de 40 francs, millimètres 81,7.

717. Diamètre de la terre, 12727272$^{m.}$,72.

718. Lieues, 220000000.

719. Par jour, lieues 602740.

720. Par heure, mètres 1677777,77...

721 Une des solutions consiste à donner 1 liard à chacune, et à en recevoir 1 centime.

722. Le nombre des élèves est de 6

723. En 3 heures 2 minutes.

724. En heures 72,855.

725. Heures, $5^{h.}$ $27' \frac{3}{11}$.

726. $9^{h.}$ $49' \frac{1}{11}$

727. Il y a 28 pauvres.

728. Enfants, 33; femmes, 3, et hommes, 4.

729. Puisqu'en sortant de la troisième maison, elle n'a plus d'œufs, c'est que le reste qu'elle avait en y entrant n'était que de 1 œuf; donc elle avait 7 œufs.

730. Le père a 50 ans, le fils aîné 24, et l'autre 22.

731. Le père a 40 ans, et les enfants respectivement 14 ans, 12 ans et 10 ans.

732. Chacun des premiers recevra 112 fr., chacun des seconds, 80 fr., et chacun des autres, 56 fr.

733. Francs en argent monnayé, 2094800 fr.

734. Les dépenses respectives sont de 10 fr 15 fr. et 20 fr.

735. Longueur cherchée, 32$^{m.}$,9.

736. La part du fermier dans l'indemnité est de 1281$^{fr.}$,42.

737. Mètres cubes, 77.

738. D'abord elles avaient respectivement 13, 7 et 4 louis.

739. Grammes d'argent pur à ajouter, 12139,7.

740. Grammes, 4,3636...

741. Grammes, 6,88985.

742. Ce bénéfice est de 9000 fr.

743. Le premier joueur a 24 fr. et l'autre 16 fr.

744. Il faut prendre 46$^{gr.}$,146 du premier lingot et 13$^{gr.}$,844 du second.

745. Il faut 11 pièces de 40 fr. et 34 de 20 fr.

746. Il y aurait 18 capitaines et 24 lieutenants.

747. Le nombre 82 est une solution, en prenant 18 capitaines, 24 lieutenants et 40 sous-officiers.

748. Taux, 7,67.

749. Capital, 9723$^{fr.}$,33.

750. Produit, 1593$^{fr.}$,75 ; et taux, 5 pour 100.

751. L'annuité est de 1683$^{fr.}$,50.

752. 19290$^{fr.}$,25.

753. 54000 francs.

754. Il faut prendre du second, kilogr. 8,25, et de l'autre 2$^{kil.}$,75.

755. Intérêt, 411,73.

756. Elle loue la maison 300 fr. et en sous-loue les $\frac{5}{6}$ pour 500 fr. ; elle gagne 200 fr.

757. Indemnité, 9250 fr.

758. 1659 pièces de 1 franc.

759. Le gain par mètre est 1$^{fr.}$125, terme moyen.

760. Distance, 1073 lieues.

761. Distance, 4666662 mètres.

762. Une solution comporte 119 maçons et point d'aides; une autre, 107 maçons et 18 aides, etc.

763. Francs 1052,75.

764. Le rayon est de 6363636 mètres.

765. Prix cherché, 600 fr.

766. Prix des 50 mètres de toile de deuxième qualité, 562$^{\text{fr.}}$,50.

767. Prix, 5$^{\text{fr.}}$,714...

768. Le premier marché vaut au marchand 672 fr. comptant, et l'autre 700 fr.

769. Aux premières conditions il reçoit, comptant, 562$^{\text{fr.}}$,50, et aux secondes 633$^{\text{fr.}}$ 53.

770. Cherchez : 1° les époques des rencontres du premier avec le deuxième, et 2° les époques des rencontres du premier avec le troisième : il est clair qu'aux époques communes correspondent des rencontres des 3 mobiles : vous trouvez ainsi que la première rencontre a lieu au bout de 5$^{\text{h.}}$ 20′.

771. Les deux couvertures en tuiles et leurs réparations dans 6 ans ne feraient que 4163$^{\text{fr.}}$,35 et la couverture en zinc, avec ses réparations, ferait 5131 fr.

772. Le premier donne 666$^{\text{fr.}}$,66... ; le deuxième, 1999$^{\text{fr.}}$,99; et le troisième, 1333$^{\text{fr.}}$,33, etc.

773. Les deux premiers donnent 6362$^{\text{fr.}}$,98 ; les deux suivants, 8530$^{\text{fr.}}$,64 ; et le cinquième, 5406$^{\text{fr.}}$,38.

774. Ce ballon a mis 20 minutes.

775. Nombre des pauvres, 70.

776. Volume, 375 centimètres cubes. Diamètre, 4 centimètres linéaires et 0,2.

777. L'épaisseur demandée est de $0^{m.},80$.

778. Par mètre, de $0^{m.},2777...$

779. Hauteur, $7^{m.},777...$

780. 8 heures 40 secondes.

781. $4^{h.}\ 35'\ 19'',28$.

782. Lieues, 13361000.

783. 3 ans 66 jours 4 heures.

784. $11^{m.},428$.

785. Valeur, 106 fr.

786. Titre, $\frac{5}{7}$.

787. Poids, 42 grammes.

788. La valeur de l'or est les $\frac{31}{2}$ de celle de l'argent.

789. Il faut prendre $258^{gr.}\frac{18}{29}$ du premier, et $341^{gr.}\frac{11}{29}$ du second.

790. Le poids est de $6737^{gr.},28$, et le volume, de 348 centimètres cubes.

791. Poids dans l'eau, 560 grammes; et volume, 30 centimètres cubes.

792. Le nombre demandé est 40.

793. $2^{fr.},886$.

794. Circonférence en mètres, 44501240900.

795. Lieues parcourues en une seconde, 93.

796. Poids, 4619441627088210000000 milliers métriques.

797. Racine demandée, 6376464.

798. Une solution donne 29 fr. au premier, 34 fr. au deuxième, et 27 fr. au troisième, la dépense étant de 84 fr.

799. 1 franc $= 1^{liv.},01250346...$; et 1 livre $= 0^{fr.},9876509426...$

800. Poids cherché, $54^{carats},7$.

801. $3^{fr.},10$.

802. $3^{fr.},10$.

803. Le nombre demandé est 1 hectolitre.

804. Kilogrammes 10200.

805. $22^{m.c},222$...

806. Grammes 805.

807. $2^{m},94$.

808. Il faut prendre 15 livres du premier mélange pour 8 livres du second.

809. Elle avance de 4 minutes $\frac{24}{35}$.

810. Ils ont reçu respectivement $54^{fr.},307$, $58^{fr.},485$, $45^{fr.},117$, et $40^{fr.},104$.

811. Les parts respectives sont de $37241^{fr.},5$, $55862^{fr.},5$, $62065^{fr.},5$, $9310^{fr.},5$, et $111725^{fr.},5$.

812. Au bout de 5 mois.

813. Ils remplissent 3 fois la petite capacité, puis reversent dans la moyenne; ce qui amène 1 litre dans la grande, 7 dans la moyenne, et 2 dans la petite; ils vident la moyenne dans la grande, puis la petite dans la moyenne : alors ils ne font plus que remplir la petite au moyen de la grande pour avoir des parts égales.

814. Le taux le plus faible est de 4,5 pour 100, et le capital est de 6000 fr.

815. Chaque soldat qui ramènera un cheval aura 300 fr.; celui qui ramènera la voiture aura 400 fr., ainsi que celui qui ramènera le chameau.

816. Grammes 21.

817. $4^{fr.},20$.

818. Grammes de cuivre, 6,1.

819. 11 fois.

820. $9^{fr.},375$.

821. Kilogrammes 225.

822. De 5 mètres.

823. 9 ans.

824. Il faut prendre 30 kilogrammes de la première espèce et 70 kilogrammes de la seconde.

825. La première fontaine a coulé 3 minutes et l'autre 9.

826. 45 jours.

827. Litres 26.

828. Mètres 603.

829. Francs 66150,65.

830. Litres 13,125.

831. Jours 20 $\frac{5}{6}$.

832. 8$^{\text{onc.}}$,7.

833. Volume, 59$^{\text{lit.}}$,05375.

834. Le premier a 15 francs et l'autre 21 francs.

835. Le second vase pèse 16 onces et contient 20 onces de vin.

836. Il faut prendre 13 pièces de la première espèce et 19 de la seconde.

837. Hommes 210.

838. C'est le carré n^2 de leur nombre ou 441.

839. Kilomètres 4,116.

840. Francs 20,56.

841. Différence, 17.

842. Francs 188,10.

843. 9817142857.

844. Fraction cherchée, $\frac{3}{11}$.

845. Quadrant, 0,157.

846. Somme, 1705 fr.

847. Comme les lieues parcourues par le cavalier forment une progression arithmétique, la moyenne des extrêmes est égale au chemin que le

fantassin parcourt en 1 jour; donc la somme de ces extrêmes est 20; et comme l'un est 3, l'autre est 17; donc il faut 8 jours

848. La première doit avoir 160 fr., la deuxième 275 et la troisième 455 fr.

849 Ils se rencontreront après 40 heures de marche; le premier arrivera à Paris après $53^{h.},4$, et l'autre après $56^{h.},75$ de marche.

850 Les parts respectives sont de $7794^{fr.},50$, $10545^{fr.},50$, $12805^{fr.},25$, et $35854^{fr.},75$.

851. Litres, 16,638.

852. Prix, $1378^{fr.}365$ fr.

853 Le côté de ce parquet est de $65^{m.},7$.

854. Capacité, centimètres cubes 3,68.

855. Francs 3722,66.

856. $1037^{h.},36$.

857. Kilogrammes, 28,61325.

858. On reconnaît : 1° qu'un pas du déserteur ne fait que les $\frac{5}{6}$ d'un pas du cheval, et partant que ses 90 ne valent que 75 du cheval; 2° que dans le temps qu'il faut au déserteur pour faire un pas ou s'avancer de la distance de $\frac{5}{6}$ de pas du cheval, celui-ci s'avance de $\frac{4}{3}$ de son pas; donc il gagne $\frac{3}{6}$; donc il atteint le déserteur après 150 pas de ce déserteur.

859. En 17 h. $\frac{1}{2}$.

860. Le bien est de 60000 fr., dont les enfants ont respectivement 27000 fr., 18000 fr. et 1500 fr

861. 1200 kilogrammes de cuivre et 300 kilogr. d'étain.

862. Le premier arrondissement payera 1662168 fr.; le premier canton, 36134 fr.; la première commune, 12042 fr.; le plus riche habitant, 803 fr.

863. Durée de l'oscillation, 5[second.],2.

864. Pour la proposition directe, il vient, $a : b :: a : b$: d'où $a + b = a + b$. Pour la réciproque, on a à la fois, $a : b :: c : d$, et $a + d = c + b$; dès lors $\frac{a}{b} = \frac{c}{d} = m$; donc $a = bm$; et $c = md$; partant, $bm + d = md + b$; d'où $b(m-1) = d(m-1)$; donc $b = d$, et par suite $a = c$.

865. Le poids de toute l'atmosphère étant P; celui de toute l'atmosphère moins la couche inférieure étant p', et ainsi de suite, il vient, par la première loi, $D : D' :: p' : p_{\prime}$; et par la seconde loi, $D : D' :: p - p' : p' - p''$; d'où $p : p' :: p' : p''$; donc les poids de 3 couches consécutives forment une proportion continue; donc leur ensemble est une progression géométrique.

866. Intensité en mètres, 9,54.

867. Grain $\frac{15}{152}$.

868. Pièces tuées, 40.

869. Prix, 416[fr.],66.

870. La première partie est de 80000 fr., et l'autre de 20500 fr.

871. Francs 5,4444...

872. Onces d'or, $9\frac{1}{2}$; onces d'argent, $2\frac{1}{2}$.

873. Ici 516 est la moyenne des extrêmes de 2 progressions arithmétiques identiques; doublant 516 pour en retrancher 120, somme des

premiers termes, le quotient 228 du reste 912 par 4, est le double des termes moins 12; donc il y a 115 mètres cubes de pierres et 54720 mètres parcourus.

874. Le dernier terme de cette progression est $\left(\frac{375}{3}\right)^2 = 3 . 5\,(n-1)$, en désignant par n le nombre des termes : d'où $(n-1) = \frac{1 . 15625}{1 . 5} = 6$. Donc l'acquisition est de 7 hectares.

875. 1° Somme demandée, $2^n - 1$; 2°, n^2.

876. Il vient $a \times a . r \times ar^2 \times \ldots \times ar^{n-1} = a^n . r^{n\frac{(n-1)}{2}}$, vu que les puissances de la raison forment une progression arithmétique de $(n-1)$ termes. Ainsi le produit est la racine carrée de la puissance $n^{\text{ième}}$ du produit des extrêmes.

877. Il vient 1 grain $= \frac{1 \text{ liv.}}{83{,}67655936}$, et 1 grain $= \frac{1 \text{ fr.}}{84{,}722175}$; donc $1 = \frac{84^{\text{liv.}}{,}722175}{83^{\text{fr.}}{,}67655936}$ $= 1 + \frac{1{,}0555814}{83{,}67655936} = 1 + \frac{1}{\frac{83{,}67655936}{1{,}0555814}}$; ou enfin $1 = \frac{84^{\text{liv.}}{,}\ldots}{83{,}\ldots} = 1 + \frac{1}{80}$; donc $1 = \frac{81 \text{ liv.}}{80 \text{ fr.}}$ C. q. f. d.

878. Par la seconde loi, il vient $0^{\text{m.}}{,}76 : 0^{\text{m.}}{,}24 :: 54^{\text{l.}} : x = 17^{\text{lit.}}{,}05263$; et par la première loi il vient $1{,}24375 : 1 :: 17{,}05263 : x = 13^{\text{lit.}}{,}62$ pour le volume demandé.

879. Il est évident qu'après avoir retranché de 800 fr. l'intérêt 400 fr. de 10000 fr. à 4 pour 100.

on a un reste qui contient autant de francs qu'il y a de centaines de francs dans le capital augmenté de 10000 ; donc ce capital est de 30000 fr., et le revenu de 1200 fr.

880. Le capital est encore de 30000 fr., et le revenu de 1200 fr.

FIN.

TABLE.

www.ingramcontent.com/pod-product-compliance
Lightning Source LLC
LaVergne TN
LVHW050427160826
845677LV00002BA/573

* 9 7 8 2 3 2 9 6 9 1 6 1 9 *